中国珍稀蝶类保护研究

史军义　武春生　周德群　蒲正宇
　　　　姚　俊　曹　倩　周雪松　编著

科学出版社
北京

内 容 简 介

本书是中国林业科学研究院资源昆虫研究所与中国科学院动物研究所、昆明理工大学、西南林业大学的有关专家和技术人员精诚合作，以国家林业局下达的"中国珍稀蝶类保护策略研究"等科研项目为支撑，历时3年完成的关于我国珍稀濒危蝴蝶保护方面的一部专业学术著作。

本书共8章。第1章，蝴蝶的资源概况；第2章，蝴蝶保护的意义；第3章，威胁蝴蝶生存的主要因素，包括自然因素、生物因素和人为因素；第4章，中国珍稀蝶类甄选；第5章，中国珍稀蝴蝶分述，分别介绍了28种珍稀濒危蝴蝶的特征、分布、习性、致危因素及保护措施；第6章，中国珍稀蝶类保护对策；第7章，珍稀蝶类保护行动计划——以云南省金平县马鞍底乡箭环蝶保护为例；第8章，结束语。书后还附有160余篇主要参考文献和5个与本书内容相关的蝴蝶名录。

全书注重内容的专业性和编撰的科学性，力求理论联系实际，文字简洁、图文并茂、使用方便，可以作为广大与蝴蝶保护、研究、开发与利用相关的行业管理者、科研技术人员、教育工作者以及基层环保人士的重要参考书。

图书在版编目（CIP）数据

中国珍稀蝶类保护研究 / 史军义等编著. —北京：科学出版社，2015
 ISBN 978-7-03-046790-4

Ⅰ. ①中… Ⅱ. ①史… Ⅲ. ①珍稀动物－蝶－动物保护－研究－中国
Ⅳ. ① Q969.420.8

中国版本图书馆 CIP 数据核字（2015）第318754号

责任编辑：刘思佳 / 责任校对：王万红
责任印制：吕春珉 / 封面设计：金舵手世纪

科 学 出 版 社 出版

北京东黄城根北街16号
邮政编码：100717
http://www.sciencep.com

北京中科印刷有限公司印刷

科学出版社发行　各地新华书店经销

*

2015年12月第 一 版　开本：787×1092　1/16
2016年7月第二次印刷　印张：13 1/2
字数：320 000

定价：110.00元
（如有印装质量问题，我社负责调换〈中科〉）

销售部电话 010-62136230　编辑部电话 010-62135763-2027（VZ02）

Conservation Research for the Rare Butterflies in China

Shi Junyi Wu Chunsheng Zhou Dequn
Pu Zhengyu Yao Jun Cao Qian Zhou Xuesong

《中国珍稀蝶类保护研究》

编著委员会

　　昆虫是动物界最庞大的生物类群，也是森林资源不可或缺的重要组成部分。到目前为止，人类已发现和定名的昆虫约 160 万种之多，占地球上已知生物种类的 2/3 以上，不仅种类多，而且种群数量大，生长繁殖迅速，生态适应性广，几乎在地球的每一个角落都能发现昆虫的踪迹。在浩瀚的昆虫资源宝库中，蝴蝶仅仅是沧海一粟。据查，全世界约有 20 000 多种蝴蝶，中国约有 2 100 多种，是地球上蝴蝶资源最为丰富的国家之一。

　　众所周知，假如地球上没有了鲜花，人们将无法领略姹紫嫣红的美丽景色；假如地球上没有了蝴蝶，则许多花儿将无法开放。因为虫媒植物会因缺少传粉者而不能结实传宗，人类也会因此而失去大约 30% 以上的植物资源，我们的环境、我们的生活，都将因此而失去应有的光泽与色彩。这，就是不以人类意志为转移的自然规律。根据科学研究结果，管状花卉植物大多都是由蝴蝶进行传粉的，比如菊科、十字花科、马鞭草科、醉鱼草科植物。只有蝴蝶那卷曲发条般又细又长的口器，才能有效深入菊花那长长细细的花管之中吮吸花蜜，从而完成异花传粉、点染世界的伟大壮举。加之蝴蝶自身精巧绝伦的结构、五彩缤纷的花纹和如梦如幻的舞姿，引得无数闲士佳人竞相追逐，并且留下了许许多多脍炙人口的故事典章和寓意无穷的丹青画卷，从而构成了我们现实生活和文化赖以多元与辉煌的重要元素和土壤。

　　中国是世界上有蝴蝶文字记载最早的国家。最早关于蝴蝶的描述，是出自战国时期的《庄子·齐物论》，距今已有 2 300 多年的历史。蝴蝶纤小灵动、身姿优雅、五彩缤纷、美轮美奂，被誉为"会飞的花朵"；蝴蝶出双入对、比翼双飞、忠贞不渝、生死相依，暗合了人们对于美好爱情的追求和向往。在中国的传统文化中，蝴蝶常常与美丽、自由、吉祥、长寿、富贵、勤奋、励志等联系在一起，更多则是与忠贞不渝的爱情联系在一起。在当今世界上，凡有华人生存的地方，几乎无人不知梁山伯与祝英台为爱化蝶这个从 1 400 多年前流传至今的凄美动人的爱情故事，《梁祝》的优美旋律几近成为中华民族最具代表性的声音之一。因此，对于蝴蝶的关注，对于蝴蝶资源的保护和可持续利用，对于蝴蝶价值的不断探索、发现、认知和开发，进而服务于人类的发展和进步事业，是每一个动物保护工作者义不容辞的责任和义务。

《中国珍稀蝶类保护研究》是迄今为止我国关于珍稀濒危蝴蝶保护方面研究较深入、资料较丰富，兼具理论和实践价值的一部专业学术著作。相信此书的出版，不仅可以作为广大与蝴蝶保护、研究、开发与利用相关的行业管理者、科研技术人员、教育工作者以及基层环保人士的重要参考书，而且对于推动我国蝴蝶保护事业向着更合理、更科学、更具操作性的方向发展，直至带动整个蝴蝶产业的健康发展，具有十分重要的现实意义。

史军义

2015 年 8 月 8 日

于北京

　　《中国珍稀蝶类保护研究》是中国林业科学研究院资源昆虫研究所与中国科学院动物研究所、昆明理工大学、西南林业大学的有关专家和技术人员合作，以国家林业局下达的"中国珍稀蝶类保护策略研究"科研项目为支撑，通过研究、分析、整理、编撰，历时三年完成的关于我国珍稀濒危蝴蝶保护方面的一部专业学术著作。

　　该书的主撰人员，有的长期从事蝴蝶基础研究工作，对中国的蝴蝶资源和其面临的生存状态有系统而深入的探索；有的长期从事蝴蝶应用研究工作，先后承担过多项国家级、省部级以及国际合作的蝴蝶科研课题；有的长期身处蝴蝶资源保护和资源开发的第一线，对蝴蝶的社会影响、大众关注和存在问题具有实际而具体的了解，掌握了大量第一手资料。可以说，本书是课题组在认真总结前人工作精华的基础上，通过不懈努力、全力合作所获得的关于我国珍稀濒危蝴蝶保护方面的最新研究成果。

　　《中国珍稀蝶类保护研究》的内容包括：第1章，蝴蝶的资源概况；第2章，蝴蝶保护的意义；第3章，威胁蝴蝶生存的主要因素（包括生物因素、人为因素和自然灾害）；第4章，中国珍稀蝶类甄选；第5章，中国珍稀蝴蝶分述（分别介绍了28种珍稀蝶类的特征、分布、习性、致危因素及保护措施）；第6章，中国珍稀蝶类保护对策；第7章，珍稀蝶类保护行动计划——以云南省金平县马鞍底乡箭环蝶为例；第8章，结束语。书后还附有160余篇主要参考文献和5个与本书内容相关的蝴蝶名录。

　　在《中国珍稀蝶类保护研究》的编写过程中，我们有幸得到了国家林业局各级领导张建龙、陈建伟、苏春雨、孟宪林、周亚非、金志成、周志华、王维胜、吕小平、张炜、唐红英、中国林业科学研究院的张守攻院长以及资源昆虫研究所陈晓鸣、杨时宇、苏建荣、石雷、陈智勇、冯颖教授的帮助和支持，先后得到了中央财政野生动植物保护专项"中国珍稀蝶类保护策略研究"、国家林业局保护司动物保护专项"全国珍稀昆虫保护行动计划"、"中国珍稀蝶类栖息地维护保护试点"、"金平县珍稀蝶类栖息地维护与改善试点"等课题的技术支撑，在此一并表示由衷的感谢！其中，我们要特别感谢国家濒危物种进出口管理办公室王维胜副主任给予本课题研究持续数年的鼎力支持与无私帮助；云南金平生态研究院在课题研究中给予的积极配合与支持；陈世松、刘锦超、赵世伟、肖登国等各方友好人士的热情帮助；贵州黔秀园林景观工程有限公司给予的宝贵资金支持！

　　由于编著者水平所限，书中不足之处在所难免，恳请广大读者批评指正！

编著者

2015 年 8 月 30 日

目 录
CONTENTS

第 1 章

蝴蝶的资源概况

1.1　世界蝴蝶资源概况

在传统动物分类系统中，蝴蝶是属于昆虫纲 Insecta 鳞翅目 Lepidoptera 锤角亚目 Rhopalocera 的一类昆虫。全世界的蝴蝶种类共分为 17 个科（见表 1-1），约 20 000 余种。

表 1-1　世界蝴蝶分科一览表

序　号	中　名	拉丁名	备　注
1	凤蝶科	Papilionidae	美学价值高，中国有分布
2	绢蝶科	Parnassiidae	美学价值高，中国有分布。国际上被作为凤蝶科的一个亚科
3	粉蝶科	Pieridae	美学价值高，中国有分布
4	蛱蝶科	Nymphalidae	美学价值高，中国有分布
5	珍蝶科	Acraeidae	中国有分布。国际上被作为蛱蝶科的一个亚科
6	眼蝶科	Satyridae	中国有分布。国际上被作为蛱蝶科的一个亚科
7	喙蝶科	Libytheidae	中国有分布。国际上被作为蛱蝶科的一个亚科
8	斑蝶科	Danaidae	美学价值高，中国有分布。国际上被作为蛱蝶科的一个亚科
9	环蝶科	Amathusiidae	美学价值高，中国有分布。国际上被作为蛱蝶科的一个亚科或作为闪蝶亚科下的一个族
10	闪蝶科	Morphidae	美学价值高，中国无分布。国际上被作为蛱蝶科的一个亚科
11	袖蝶科	Heliconiidae	美学价值高，中国无分布。国际上被作为蛱蝶科的一个亚科
12	绡蝶科	Ithomiidae	中国无分布。国际上被作为蛱蝶科的一个亚科
13	灰蝶科	Lycaenidae	中国有分布
14	蚬蝶科	Riodinidae	中国有分布。国际上被作为灰蝶科的一个亚科
15	弄蝶科	Hesperiidae	中国有分布
16	缰弄蝶科	Euschemonidae	中国无分布。国际上被作为弄蝶科的一个亚科
17	大弄蝶科	Megathymidae	中国无分布。国际上被作为弄蝶科的一个亚科

按照目前国际上流行的鳞翅目分类系统，还有将蝴蝶归属于鳞翅目有喙亚目 Glossata 双孔次亚目 Ditrysia。它们被划分为 2 个总科（弄蝶总科 Hesperoidea 和凤蝶总科 Papilionoidea）、5 个科（弄蝶科、凤蝶科、粉蝶科、灰蝶科和蛱蝶科）。现国外也有学者又将蚬蝶类从灰蝶科中分出，形成独立的蚬蝶科（Riodinidae），但蛱蝶科仍包含多达 12 个亚科，其中包括喙蝶、斑蝶、眼蝶、环蝶、珍蝶、闪蝶、袖蝶和绡蝶等，与传统的蝴蝶分类体系有所不同。

根据动物地理区域划分理论，全世界的蝴蝶共分为 6 个大区：

（1）非洲热带区。

包括撒哈拉沙漠以南的整个非洲，有约 3 200 种以上的蝴蝶，是世界上蝴蝶种类较多的地区，有很多大型的漂亮蝴蝶。非洲长翅凤蝶 *Papilio antimachus* Drury 是非洲最大的蝴蝶，也是世界上翅膀最长的蝴蝶（见图 1-1）。还有一些稀有种类，如海灰蝶（见图 1-2）。

正面

反面

图 1-1　非洲长翅凤蝶 *Papilio antimachus* Drury

正面　　　　　　　　　　　反面

图 1-2　海灰蝶 *Hewitsonia boisduvalii* (Hewitson)

（2）新热带区。

包括中北美洲、南美洲及其所属岛屿，有约 8 000 种蝴蝶。南美洲是世界上蝴蝶种类最多的地区，出产的蝴蝶大多十分美丽。闪蝶科是南美洲最具代表性的一个科，大多数种类具有强烈的青色金属光泽，是最亮丽、最令人们喜爱的名贵蝶种（见图 1-3）。巴西、秘鲁和哥伦比亚都选此科的种类作为其国蝶，也充分说明闪蝶的珍贵和受欢迎程度。猫头鹰环蝶（见图 1-4）、字蛱蝶（见图 1-5）、美蛱蝶（见图 1-6）和图蛱蝶（见图 1-7）也是这一地区特有的种类。

正面　　　　　　　　　　　反面

图 1-3　塞浦路斯闪蝶 *Morpho cypris* Westwood

正面　　　　　　　　　　　反面

图 1-4　黑猫头鹰环蝶 *Caligo atreus* (Kollar)

正面 反面

图 1-5 轻字蛱蝶 *Diaethria neglecta* Salvin

正面 反面

图 1-6 六点美蛱蝶 *Perisama vaninka* (Hewitson)

正面 反面

图 1-7 蓝美图蛱蝶 *Catagramma patelina* (Hewitson)

（3）新北区。

包括北美洲国家，蝴蝶种类最少，只有约 800 种。异形粉蝶（见图 1-8）、君主斑蝶即是这一地区的代表种。君主斑蝶既是最著名的迁飞蝴蝶，也是美国的国蝶（见图 1-9、图 1-10）。

图 1-8　异形粉蝶 *Lieinix nemesis* (Latreille)　　图 1-9　君主斑蝶 *Danaus plexippus* (Linnaeus)

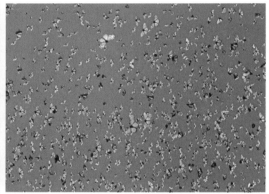

图 1-10　君主斑蝶迁徙景观

（4）澳洲区。

　　包括澳大利亚、新西兰等国，有约 1 200 多种蝴蝶。其中的天堂凤蝶就是澳大利亚的国蝶（见图 1-11）。

正面　　　　　　　　　　　　　　　　　　反面

图 1-11　天堂凤蝶 *Papilio ulysses* Linnaeus

（5）古北区。

包括整个欧洲和亚洲北部、非洲西北部（撒哈拉大沙漠以北），有约 1 900 种蝴蝶。我国长江以北地区都属于古北区。镏金豆粉蝶和小襟绢粉蝶即属典型的古北区蝴蝶（见图 1-12、图 1-13）。

雄   雌

图 1-12　镏金豆粉蝶 *Colias chrysotheme* (Esper)

正面   反面

图 1-13　小襟绢粉蝶 *Aporia hippia* (Bremer)

（6）东洋区。

又称印度马来亚区，包括斯里兰卡、印度、中国南部、中南半岛、印度尼西亚、菲律宾等东南亚地区，有约 4 200 多种蝴蝶。东南亚地处热带，蝴蝶种类也非常丰富，有许多特有的大型蝴蝶，色彩鲜艳夺目。鸟翼凤蝶是凤蝶科中体型最大、外形最华丽的一个类群，产于东南亚、新几内亚及其附近诸岛，马来西亚和印度尼西亚的国蝶都属于此类（见图 1-14、图 1-15）。

1.2　中国蝴蝶资源概况

我国有 12 科，33 亚科，434 属，2 000 余种，是整个欧洲蝴蝶种类的 4 倍多，其种类和数量，除了南美洲的一些国家（巴西、秘鲁等）之外，无论同亚洲、欧洲、北美洲、大洋洲的一些国家相比，还是同非洲国家相比，都不愧为世界上蝴蝶资源最为丰富的国家之一。

雄

雌

图 1-14　红颈鸟翼凤蝶 *Trogonoptera brookiana* (Wallace)

雄

雌

图 1-15　红鸟翼凤蝶 *Ornithoptera croesus* (Wallace)

实事求是来看，中国蝴蝶的数量是动态的、变化的，是随着人们对自然认识的不断深化而发展的，是不同时期的经济和科学水平的反映。具体文献记录如下。

1938 年，胡经甫先生发表了《中国昆虫名录》第四卷，记载中国蝴蝶 1 243 种，其根据是 A.Seitz 年的《世界大鳞翅目》（1909）一书。

1958 年，李传隆先生在其《蝴蝶》一书中指出，中国蝴蝶总数为 244 属、1 277 种，1993 年他在《中国蝶类图谱》中仍然坚持这个数目。

1994 年，在周尧先生主编的《中国蝶类志》一书中，共记载中国蝴蝶 369 属、1 225 种，其中包括中国蝴蝶 14 个新记录属，41 个新种，66 个新记录种。

1998 年，周尧先生又在《中国蝴蝶分类与鉴定》中记载中国蝴蝶 371 属、1 317 种，比《中国蝶类志》增加了 92 种。

《中国蝶类志》的出版，是中国蝴蝶研究史上具有里程碑意义的事件，并掀起了一股前所未有的热潮。随着一些省、市的蝴蝶地方志、蝴蝶采集调查报告及新种、新记录种的发表，中国蝴蝶总数不断增加。具体说来，主要有：

1997 年顾茂彬、陈佩珍创作了《海南岛蝴蝶》一书，该书记载海南岛蝴蝶 609 种，其中新增中国蝴蝶种类近 60 种，包括新种、新记录种及《中国蝶类志》未收入的种类。

1999 年王直诚主编了《东北蝶类志》一书，共记载中国东北蝴蝶 340 种，其中发表新种、新记录种及《中国蝶类志》未收入种类约 40 种，每种基本都有蝴蝶♂、♀、正、反的原照，并附有许多蝴蝶生态图。

2000 年黄人鑫、周红、李新平创作了《新疆蝴蝶》一书，共收录中国新疆蝴蝶 254 种，其中未被《中国蝶类志》所收入的蝴蝶种类 60 多种，新疆由于地理位置特殊，许多珍贵蝴蝶种类产自新疆。

2001 年黄邦侃主编的《福建昆虫志》第四卷，记载福建蝴蝶 529 种，其中发表中国蝴蝶新种 1 种，新记录种 3 种。

2002 年王敏、范骁凌编著创作了《中国灰蝶志》，该书通过采集调查并总结国内外最新资料，共记载中国灰蝶 146 属 515 种，比《中国蝶类志》增加中国灰蝶 42 属 280 种。

2000—2003 年，周尧、袁锋、张稚林、王治国、王应伦、袁向群、张传诗、谢卫民等人先后在《昆虫分类学报》上发表中国蝴蝶新种、新记录种及《中国蝶类志》未收入种类共计 76 种。其中凤蝶 9 种、粉蝶 4 种、环蝶 1 种、斑蝶 2 种、眼蝶 26 种、蛱蝶 24 种、蚬蝶 2 种、灰蝶 4 种、弄蝶 4 种。

此外，周尧、李昌廉、黄邦侃、黄炳文、许稚邦、纪洪川、袁峰等人还在中国昆虫学会蝴蝶分会会刊《中国蝴蝶》及国内其他刊物，发表了几十种中国蝴蝶新种、新记录种。

2005 年王治国在《河南科学》增刊上发表了《中国蝴蝶名录》，共收录中国蝴蝶 432 属、2 151 种，除去属名、种名重复和未定种 104 个之外，实际收录中国蝴蝶 429 属、2 047 种。

另据刘文萍、邓合黎汇集的资料表明，近年来外国学者发表的我国蝴蝶新种 80 多个，未被上述国内文献所收录。

2006 年寿建新、周尧、李宇飞创作了《世界蝴蝶分类名录》一书，书中对上述未被国内文献所收录的外国学者发表的我国蝴蝶新种，均加以收录。该书是我国第一部系统研究和阐述中国和全世界蝴蝶分类与分布的专著，共记载中国蝴蝶 12 科、33 亚科、434 属、2 153 种。

中国蝴蝶不仅种类多，而且分布也很广泛，并受地理、气候和植被等因素影响，呈现出不同的分布规律。总体来说，南方种类相对较丰富，北方种类相对较少。就其物种多样性而言，云南、广西、海南、四川等地蝶类资源非常丰富，分布均在 600 种以上；其次是台湾、福建、广东等地蝶类资源较丰富，蝶种数量在 400 种以上；江苏、安徽等中部省份蝶类数量一般，在 250 种左右；而我国北部一些地方如新疆、内蒙古等蝴蝶种类分布较少，均在 200 种左右或以下。香港面积仅 0.11 万 km^2，蝴蝶种类超过 230 种，其密度之大，在世界上也是屈指可数。

第 2 章

蝴蝶保护的意义

2.1　蝴蝶的生态价值

（1）访花传粉作用。

在地球上，已知植物种类大约有 50 万种，有花植物约 25 万~30 万种，大约有 80% 的显花植物的授粉是靠昆虫来完成。蜂是访花昆虫中最重要的类群，大约有 2 万种蜂访花采蜜。

蝴蝶作为生态系统中的初级消费者，有红、蓝、黄和橘黄等颜色，其成虫通过访花采蜜补充营养。以蝴蝶为媒的花，蜜腺通常长在细长花冠筒或距的基部，只有蝴蝶等少数具备特殊虹吸式口器的昆虫才能伸进去吸食。蝴蝶在其访花过程中，将植物的花粉从一株植物带到另一株植物上，促进植物之间的基因交流，容易产生新的组合和变异，从而增强对环境的适应能力，还可以提高农作物的产量，对异花传粉植物的生存和进化具有重要意义。

（2）食物链的重要环节。

蝴蝶在生态系统的物质循环和能量流动中扮演着十分重要的角色，为维持大自然的生态平衡起着十分重要的作用。在自然界的食物链中，蝴蝶处于食物链的底端，常被其他昆虫、节肢动物、鸟类以及两栖类、爬行类等动物所捕食，是这些动物必不可少的食物来源。因此，在一些蝴蝶活跃的生态系统中，其数量的多少，甚至直接影响着这些以蝶为食的动物的种群数量。例如苏格兰年度自然生态环境调查显示，在苏格兰北部边境地区的 34 种蝴蝶中，有 21 种蝴蝶的数量增减状况与水獭和海鸟等野生动物在数量上的变化趋势呈正相关。

（3）生态环境指示作用。

蝴蝶对环境的变化特别敏感，任何污染对蝴蝶这样弱小的生命来说，都可能是致命的。当生态环境或其寄主植物受到污染后，会直接威胁以此为生的蝴蝶的生存。因此，蝴蝶通常被作为环境的指示性动物。一般说来，蝴蝶种类和数量丰富的地方，其环境质量较高、特别是水和空气的洁净度较高。所以，世界上许多国家的科学家都将种群组成、结构、多样性及其动态、趋势作为判断气候变化、环境质量和环境演变的重要生态学指标，其中德国科学家利用小灰蝶检测环境变化的研究尤其引人注目。

2.2　蝴蝶的观赏价值

蝴蝶纤小灵动、身姿优雅、五彩缤纷、美轮美奂，被誉为"会飞的花朵"，给世间带来灿烂、带来欣喜、带来希望；蝴蝶出双入对、比翼双飞、忠贞不渝、生死相依，暗合了人们对于美好爱情的追求和向往。对于大自然中匆匆掠过的蝴蝶倩影，人们有着一种情不自禁的偏爱，但是要想留住这转瞬即逝的美妙景象，让大自然的神来之作常驻人间，千百年来，却一直都是可望而不可即的。然而，随着科技的进步和社会的发展，20 世纪下半叶开始，世界各地先后举办过大大小小、各式各样的蝴蝶标本展览，这些展览主要是将蝴蝶及各种有趣的昆虫知识以图片和文字形式陈列于馆内，并备有相应的宣传资料，使公众在欣赏美丽蝴蝶的同时学习自然科学知识，尤其是后来在各地陆续出现的蝴蝶园，给人们带来了动态的鲜活感受，让人们在轻松愉快的气氛中，学习到更多的生态学、生物学知识，受到了广大群众、特别是青少年学生的广泛欢迎。蝴蝶园这一极具童话色彩的新鲜事物，在一定程度上迎合了人们怜香惜玉、呵护生命的善良天性，满足了人们追逐美丽、欣赏自然的朴素愿望。实践证明，以活蝴蝶营造的环境氛围，具有很好的旅游观赏价值，也是引导人们认识自然、保护自然、寓教于乐的理想方式之一。

2.3　蝴蝶的人文价值

世界上关于蝴蝶最早的文字记载，出自中国战国时期的《庄子·齐物论》，距今已有 2 300 多年的历史。其中的《庄周梦蝶》一章如此描述："昔者庄周梦为胡蝶，栩栩然胡蝶也。自喻适志与。不知周也。俄然觉，则蘧蘧然周也。不知周之梦为胡蝶与？胡蝶之梦为周与？周与胡蝶则必有分矣。此之谓物化。"意思是说：庄周梦见自己变成一只蝴蝶，飘飘荡荡，十分轻松惬意，他这时完全忘记了自己是庄周。片刻过后醒来，对自己还是庄周感到十分惊奇疑惑。他认真地想了又想，不知道是庄周做梦变成蝴蝶还是蝴蝶做梦变成了庄周？庄周与蝴蝶一定是有分别的。这便称之为物我合一吧。庄子是中国古代著名的思想家、哲学家、文学家，是道家学派的代表人物，老子哲学思想的继承者和发展者，先秦庄子学派的创始人，《庄周梦蝶》承载了其"天人合一"、"天道无为"的重要哲学思想，影响流传至今。

在中国的传统文化中，蝴蝶大都与美丽、自由、吉祥、长寿、富贵、勤劳联系在一起，更多则是与忠贞不渝的爱情联系在一起。唐代诗人杜甫写有《曲江二首》，其中一句"穿花蛱蝶深深见，点水蜻蜓款款飞"，千古流传；祖籍长安的唐代仕女画家周昉的《簪花仕女图》上绘有动人的采蝶场景；中国最为凄美动人的民间故事"梁山伯与祝英台"，以男女主人公化蝶双飞、以殉爱情为结尾，感天动地；享誉世界的小提琴协奏曲《梁祝》，更是以旋律的优美、细腻、如泣如诉，艺术的震撼让人情不自禁地深受感动，超越时空而不朽；还有元代关汉卿的杂剧《蝴蝶梦》、宋代苏东坡《陌上花》中的"陌上花开蝴蝶飞，江山犹似昔人非"、四大名著曹雪芹《红楼梦》中"宝钗扑蝶"等，无不是以蝴蝶为艺术启迪而创造的经典形象。此外，"蝴""福"谐音、"蝴""富"谐音、

"蝶""耋"谐音，蝴蝶自由自在、安静祥和，无一不是迎合了古今中国人对美好意象和事物的追求和向往。

2.4　蝴蝶的经济价值

　　世界上最大的蝴蝶出口基地是南美的巴西和秘鲁，均已有一百多年的历史，美国、英国、德国、法国、日本、瑞士、奥地利等则为主要蝴蝶消费国，每只蝴蝶标本的出口价格为几美元至几百美元不等（见表 2-1），珍稀名贵品种最高可达上万美元。据估计，目前全世界每年的蝴蝶及其制品的国际贸易额约十亿美元之巨。中国最大的几个蝴蝶产地是云南、海南、台湾等地。蝴蝶标本的售价因蝶种而异，大约在几元至几十元不等，名贵品种达数千甚至上万元人民币。人工养殖的非国家保护蝶种，每只蝴蝶的价格因蝶种不同也在几元至几十元不等，冬季枯蝶期则更高。据估计，目前国内每年的蝴蝶及其制品的贸易额约在两亿元人民币。同时，由于人们对回归自然的需要和对纯自然物品的喜爱，也促使大家更加偏爱收藏缤纷斑斓的蝴蝶制品，如各种各样的蝴蝶标本、蝶翅画、人工蝶琥珀等工艺品，在中国，这些工艺品的售价则在几十元至数千元不等。蝴蝶工艺品制作销售不仅丰富了城乡旅游产品市场，而且成为一些贫困山区和旅游风景区广大群众脱贫致富的重要手段。至于蝴蝶精加工后形成的蛋白制品、保健品、药品等，相信其附加值还会大大提高。

表 2-1　2013 年部分国外蝴蝶交易价格

科	种	图　片	价格／（美元／只）
Morphidae	*Morpho rethenor helena*		45.00
Morphidae	*Morpho godarti julanthiscus*		9.00
Morphidae	*Morpho achilles agamedes*		8.00
Morphidae	*Morpho rethenor absolonia*		75.00
Morphidae	*Morpho helenor theodorus*		8.00

续表

科	种	图 片	价格 /（美元 / 只）
Morphidae	*Morpho rhetenor mariajosianae*		35.00
Heliconiidae	*Heliconius hecale shanki*		2.50
Heliconiidae	*Heliconius melpomene shunkei*		2.50
Heliconiidae	*Dryas julia*		1.00
Heliconiidae	*Heliconius doris*		1.00
Heliconiidae	*Heliconius numata ropotensis*		5.50
Heliconiidae	*Heliconius telesiphe telesiphe*		1.00

2.5　蝴蝶的营养和食用价值

中国林业科学研究院资源昆虫研究所的科研人员通过对 20 种蝴蝶 35 个虫态不同营养成分的测定分析，结果显示，其蛋白质含量为 63.97%，粗脂肪含量为 10.15%，灰分含量为 6.20%，碳水化合物含量为 18.64%，能量值为 18.05kJ/g，氨基酸含量为 43.49%，表明蝴蝶具有高蛋白、低脂肪、矿质元素含量丰富、能量值低、必需氨基酸含量高、氨基酸结构合理等特点。更重要的是众多蝴蝶蛋白质中氨基酸组分分布比例与联合国粮农组织（FAO）制定的蛋白质中必需氨基酸的比例模式非常接近，由此可以看出，蝴蝶蛋白是一类高品质的动物蛋白质资源，说明蝴蝶具有较高的营养价值和巨大的食用开发潜力（见表 2-2、图 2-1）。

表 2-2　蝴蝶各虫态营养成分平均值

名　称	水分 /%	蛋白质 /%	粗脂肪 /%	灰分 /%	碳水化合物 /%	能量值 /(kJ/100g)	氨基酸总量 /(mg/g)
幼虫	84.49	59.94	10.71	7.84	21.50	1 779.00	406.0
蛹	77.69	64.75	11.09	5.39	16.56	1 840.81	441.3
成虫	64.03	71.80	5.52	4.70	17.88	1 738.75	494.2
总平均值	78.78	63.97	10.15	6.20	18.64	1 804.88	434.9

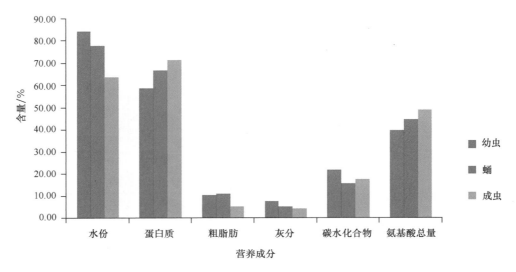

图 2-1 蝴蝶各虫态营养成分含量图

蛋白质对人体非常重要，它是构成人体生理组织的关键成分，是维持生命活动的物质基础。人们每天摄入的食物中含有大量的蛋白质，这些蛋白质可分为第一代植物蛋白和第二代肉质蛋白。如果人体能够摄入更高品质的蛋白质，人体的免疫能力和抗衰老能力都将大大增强。而蝴蝶活性蛋白就是这样一种高品质蛋白。

据报道，昆虫活性蛋白属于全效型蛋白，被国际公认为最高品质的、无毒无害的活性蛋白。这种蛋白富含各种营养成分，低脂肪、低胆固醇，营养结构合理，肉质纤维少，易于吸收，可以达到预防疾病、营养保健、康复身体等多种效果。昆虫活性蛋白可以提供植物蛋白无法完全提供的人体所必需的若干种氨基酸，可以弥补肉质蛋白胆固醇过高的缺陷。合理使用昆虫活性蛋白，可提高人体的免疫能力和抗衰老能力，对脂肪肝等疾病有明显抑制作用，对人体免疫功能低下引起的症状食疗改善效果明显。加之昆虫是地球上种类最多且生物量巨大的生物类群，具有极高的生长繁殖能力和顽强的生命力，具有繁殖世代短、繁殖效率高、饲养成本低廉、有机物转化率高、容易饲养等特点，可在短期内获得大量昆虫产品。蝴蝶作为昆虫的重要类群，同样具有昆虫蛋白以及其生物体类似的诸多优点。

蛋白质资源紧缺是一个世界性的问题，中国由于人口众多，资源有限，蛋白营养相对缺乏，健康形势不容乐观，随着人口的增长和人民生活水平的不断提高，蛋白的需求量将会越来越大。此外，我国基本每年都要进口大量的鱼粉、豆粕等蛋白质饲料原料，用于家畜、家禽的饲养。因此，蝴蝶蛋白的开发、生产和利用，其意义不可小觑。

根据国家饲料工业办公室的估算，按照我国人民膳食结构与养殖业的发展规划要求，从各方面的资料预测，到 21 世纪 30 年代，全国将需要大约 1 460 万 t 动物性蛋白质，因此最少需要通过发展种植业或饲料工业提供 7 300 万 t 饲用粗蛋白质（约相当于

1.182 亿 t 豆粕的粗蛋白质含量）。按 21 世纪初期我国种植业可提供的饲料蛋白质资源量预测，缺口在一半以上。另外，日粮中如果氨基酸不平衡，多余的氮将以尿素的形式排出体外，不仅降低了蛋白的利用率，而且还会造成环境污染。虽然理想蛋白的概念已经提出多年，并且理想蛋白模式不断改进，而在实际生产中，我国企业还没有很好地用理想蛋白模式来指导日粮的配制，氨基酸结构不平衡程度严重。

要解决蛋白资源缺乏的问题，开发新的蛋白质资源和提高蛋白质的利用率是非常有效的途径之一。蝴蝶蛋白质含量高、氨基酸结构平衡、必需氨基酸含量高，加之生长繁殖能力和顽强的生命力，繁殖世代短、繁殖指数高、饲养成本低廉、有机物转化率高、容易饲养等特点，可在短期内获得大量优质蛋白产品。因此，开发蝴蝶蛋白质无疑是探索有效解决我国蛋白质资源缺乏以及氨基酸结构不平衡、利用率低问题的重要手段之一。

蝴蝶蛋白质作为一种新兴的蛋白质资源，是一个充满活力、前景诱人的巨大资源宝库。在蝴蝶资源的综合利用中，由于蝴蝶的蛋白含量高、营养丰富等有利条件，具有广阔的开发利用前景。通过对蝴蝶营养各个层次、各个方面如毒性分析、蛋白质提取等的综合研究，引入现有成熟的技术、方法，可使蝴蝶蛋白在食品、保健品、医药、日用品、饲料等方面发挥非常巨大的作用，前景不可限量。

随着人类对于蝴蝶营养物质认识的不断深入，加上科学检测水平的不断提高，将会有越来越多的、高品质的蝴蝶营养产品问世，对于改善我国公众的营养结构、丰富我国城乡居民的营养内涵，具有重要的现实意义，必将产生可观的经济和社会效益。

2.6　蝴蝶的科学价值

（1）作为科研材料。

采集或饲养的蝴蝶，均可为科研和教学单位提供成套的蝴蝶标本、生活史系列标本、实验实习材料和教具等。教学单位可以用这些标本向学生讲授有关的昆虫知识、自然知识；科研单位可以利用这些标本和材料进行相关的科学研究工作；科普宣传机构可以利用这些标本开展面向大众的科学知识普及教育宣传活动。

（2）作为科研对象。

一方面，是对蝴蝶本身所具有的自然属性的研究，例如生物多样性、植物传粉作用、环境指示作用以及其生物学、形态学、行为学、分类学、生态学、仿生学研究等；另一方面，是对蝴蝶与自然、蝴蝶与环境、蝴蝶与人的关系以及蝴蝶所蕴含的各种文化现象和规律的研究等，均具有重要的科学价值。

2.7 蝴蝶的药用价值

蝴蝶的药用价值，在中国古代医书中即有明确记述。例如金凤蝶的幼虫，又名茴香虫，夏秋季捕捉后，用酒醉死，小火焙干，气味甘、辛，性温，具有散寒、理气、止痛等功效。现代研究表明，蝴蝶体内含有多种具有重要药用价值的成分。

（1）蝶啶。

蝶啶的衍生物是多种蝴蝶翅膀上的色素，如黄蝴蝶的色素、红蝴蝶的色素。自然界存在的蝶啶，以含有氨基和羟基的取代衍生物最重要。目前，某些蝶啶类化合物已成为临床上使用的抗癌药物。

（2）蝶呤。

蝶呤分布于整个生物界，种类较多，但含量较少，是构成昆虫色泽和斑纹的关键物质。水青粉蝶中含有的异黄蝶呤，菜粉蝶含有无色蝶呤、异黄蝶呤、黄蝶呤、红蝶呤等，具有抑制某些癌症的功效；在黄云斑蝶及其同科多种蝶翅中含有白蝶呤、异黄蝶呤、黄蝶呤等多种蝶呤。

（3）蝶色素。

蝴蝶体内含有的某些色素，属于胺类化合物，对于人类某些疾病的治疗具有特殊作用。如柑橘凤蝶的翅中含有 13 种色素，其中有 4 种胺类的蝶色素；还有一种豆粉蝶幼虫的脂溶性提取物是皮肤的生物活化剂，对人的皮肤及痤疮的整复和再生有致活作用，原因是其含有丰富的生长因子，如致活激素（activation hormone）、变态激素（metamorphosis hormone）、幼若激素（youth hormone）等。

第 3 章
威胁蝴蝶生存的主要因素

　　随着经济的快速发展，生物栖息地退化和碎片化问题越来越突出，大气、土壤及水体污染日益加剧，这些问题都给生物多样性带来了灾难性影响。生态破坏与环境污染直接导致许多物种濒危甚至灭绝，使得全球生物多样性正面临严重的危机，生物多样性的日渐丧失是人类面临的重大危机之一。《中国物种红色名录（第三卷·无脊椎动物）》中，被专家组评估的 2 441 种无脊椎动物，我国有 1 171 种处于绝灭、极危、濒危、易危和近危级别，其中 70% 受威胁的无脊椎动物迄今没有任何的保护措施。

　　蝶类是一类环境指示性昆虫，易受到环境变化和人类活动的影响，许多直接或间接的人为因素都能导致蝴蝶种群数量下降甚至是种类的消失。生态环境的破坏使得蝶类生物多样性也遭遇前所未有的威胁。蝴蝶栖息地的破坏、环境的污染、温室效应、人为采集蝴蝶、自然灾害以及蝴蝶自身存在的先天弱点，都给蝴蝶种群的发展带来了严重威胁。根据《中国物种红色名录（第三卷·无脊椎动物）》描述表明，调查统计的 11 科蝴蝶种类中，有 403 种蝴蝶都受到了不同程度的威胁，约占我国蝴蝶种类的 19%，其中处于濒危的蝴蝶 9 种，易危 148 种，近危 246 种；还有国家通过法律保护的、参加国际公约等方式保护我国众多受威胁蝶种（见表3-1）。这些统计、保护名录中，部分蝴蝶数据不全面，而未列进保护名录或未做评价。因此，我国蝶类受威胁处于危机的状况远比估计的要严重。

表 3-1　中国主要受威胁的蝴蝶种类分科名录

科　名	濒危种数*	易危种数*	近危种数*	国家重点保护蝶种△	"国家三有"保护蝶种☆	国际公约保护蝶种★
凤蝶科 Papilionidae	9	27	17	4	6属、6种	3属
粉蝶科 Pieridae	/	3	19	/	1属	/
斑蝶科 Danaidae	/	2	6	/	/	/
环蝶科 Amathusiidae	/	1	5	/	1属、1种	/
眼蝶科 Satyridae	/	40	57	/	1属、2种	/
蛱蝶科 Nymphalidae	/	28	63	/	3种	/
珍蝶科 Acraeidae	/	/	1	/	/	/
喙蝶科 Libytheidae	/	/	/	/	/	/
蚬蝶科 Riodinidae	/	1	10	/	/	/
灰蝶科 Lycaenidae	/	32	37	/	1属、1种	/
弄蝶科 Hesperiidae	/	14	30	/	1种	/
绢蝶科 Parnassiidae	/	/	/	1	1属	1种

　　注：/ 表示已统计调查的该科蝴蝶没有蝶种处于该威胁状态；* 表示《中国物种红色名录（第三卷·无脊椎动物）》中列入的蝴蝶种类；△表示《中华人民共和国野生动物保护法》（1998）规定的国家重点保护的蝴蝶种类；☆表示国家林业局第 7 号令《国家保护的有益的或者有重要经济、科学研究价值的陆生野生动物名录》中列入的蝴蝶种类；★表示《濒危野生动植物种国际贸易公约》（CITES）附录中列入的蝴蝶种类（仅列入其中在中国有分布的种类）。

3.1　生物因素

3.1.1　自身因素

蝴蝶不仅受外界因素影响，威胁其种群数量，也受到先天生物学弱点的影响，导致种群生存状况艰难。蝶类世代周期的长短、产卵量、化性、对极端气候条件的耐受性、对寄主的选择性、对杀虫药物的抗性及其繁殖、对天敌侵袭的自我保护能力、迁移扩散能力等综合形成蝶类种群的生存繁衍能力。长尾虎凤蝶 *Luehdorfia longicaudata* Lee 的蛹期非常长，接近 300 d，受自然灾害和天敌影响的概率增大，使得其种群即使在较为自然的栖息地环境中也维系在一个较低的数量水平；中华虎凤蝶 *L. chinensis* Leech 为单化性蝶种，其寄主单一、蛹期较长，相当数量的雌蝶得不到交配的机会，这些原因也影响着中华虎凤蝶的正常繁殖生长；乌苏里虎凤蝶临江亚种 *L. puziloi linjiangensis* Lee 的自身繁衍因受寄主单一、产卵量低、蛹期长等因素的影响而受到限制；金斑喙凤蝶 *Teinopalpus aureus* Mell 作为一种起源古老的蝶类，在长期进化过程中，该蝶形成的一些特有生物学习性（如飞翔能力弱，迁徙能力差；雌雄比例严重失调；雌蝶产卵量少，卵的隐蔽性较差；幼虫成活率低，且寄生植物单一），这些习性限制了金斑喙凤蝶种群的发展；裳凤蝶污斑亚种 *Troides helena spilotia* Rothschild 寄主植物单一、虫体大、食量多，造成取食量超过寄主植物的生长量，这也是其自然种群数量少的主要原因。

3.1.2　天敌

在自然界中，蝴蝶的种群发展受到诸多天敌制约，这些天敌危害发生在蝴蝶的各个虫态。蝴蝶的天敌种类繁多，可分为寄生性天敌和捕食性天敌。寄生性天敌主要是寄生性昆虫，以及昆虫病原微生物；捕食性天敌主要有捕食性昆虫和其他动物（见表 3-2）。

表 3-2　蝴蝶各虫态常见天敌

虫态	捕食性天敌		寄生性天敌	
	主要种类	次要种类	主要种类	次要种类
卵	蚂蚁、蝽象	虎甲、蜘蛛	赤眼蜂	小蜂科、跳小蜂、黑卵蜂
幼虫	蜘蛛、胡蜂、鸟类、蝽类、蛙类	蚂蚁、虎甲、泥蜂、步甲、胡蜂	金小蜂、姬蜂、茧蜂、寄蝇、病原微生物	长足寄蝇、螨类、其他寄生蜂
蛹	田鼠、鼹鼠、猎蝽	步甲、蚂蚁	金小蜂、寄蝇	其他寄生蜂
成虫	蜘蛛、螳螂、鼠类、壁虎	蛙类、鸟类、螽斯、大型胡蜂	微孢子虫	

注：表中内容引自参考资料。

一些学者观察研究表明，自然界中的蝴蝶被严重寄生，是影响蝴蝶种群数量的重要因素。2004 年 5 月，在云南省景东县从野外收集的 142 只达摩凤蝶 *Papilio demoleus* Linnaeus 蛹中，有 73.1% 被寄蝇寄生；在四川峨眉，1999 年至 2002 年的调查表明，卵的寄生率严重时可达 70% 以上，捕食率严重时高达 90%，天敌危害严重时，化蛹率不足 10%；裳凤蝶污斑亚种卵期有小型蚂蚁取食，危害率约 2%，幼虫期寄生蜂的寄生率约 3%，1 至 3 龄幼虫发现多种游猎型蜘蛛捕食，危害率约 4%，因未进行生命表的系统观察，而实际天敌对裳凤蝶的危害要高出上述数据很多；在甘肃省文县野外，嘉翠蛱蝶 *Euthalia kardama*（Moore）卵和幼虫由于裸露在棕叶背面，易被天敌取食，个体损失量较大；在甘肃白水江自然保护区东南部边缘的碧峰沟，生长在杂草灌木丛中的长尾麝凤蝶 *Byasa impediens*（Rothschild）幼虫，则易被蜘蛛、螳螂、猎蝽等天敌捕食，死亡率高达 76.9%；在广西地区，金斑喙凤蝶卵、幼虫、蛹和成虫均暴露于高山多雾的危险环境中，极易受捕食性天敌、寄生性天敌和病原微生物的攻击；在对山西省吕梁庞泉沟自然保护区暗色绢粉蝶 *Aporia bieti* Oberthür 的生物学研究中，发现其受到鸟类、茧蜂、蜘蛛、白僵菌、姬蜂、金小蜂、寄蝇等多种天敌的危害；据观察，在黑紫蛱蝶 *Sasakia funebris*（Leech）的一生中将受到众多天敌攻击，卵期有松毛虫跳小蜂、松毛虫赤眼蜂，蛹期有凤蝶金小蜂、广大腿小蜂，幼虫期有黄腰胡蜂、广腹螳螂、蜘蛛、草蜥等，成虫期有多种鸟类；在云南省洱源县自然界中，有大约 20% 的艳妇斑粉蝶 *Delias belladonna*（Fabricius）蛹被寄生蜂和寄蝇寄生，被寄生后的蛹呈粉红色；在广西良凤江国家森林公园，发现蚂蚁、鸟类、螳螂捕食报喜斑粉蝶 *D. pasithoe*（Linnaeus）蛹以及小茧蜂寄生报喜斑粉蝶 5 龄幼虫的情况。

3.2　人　为　因　素

3.2.1　环境污染

蝴蝶对环境的变化特别敏感，任何污染对蝴蝶都可能是致命的，当其栖息地环境或寄主植物受到污染后，以此为生的蝴蝶便受到威胁。由大气和酸雨的输送而附着于植物体表上的盐类和重金属，将对摄食时污染物可能随叶子一起进入虫体内的鳞翅目食叶昆虫的摄食行为带来更显著的影响。大气污染被认为是引起植物生理、生化性质和组成成分发生变化的重要因子之一。由于各种环境变化，随之发生变化的寄主植物自然会对植食性昆虫（包括蝴蝶）的生存质量和数量产生影响。另一方面，植物产生的次生代谢产物的质和量的变化，大气污染物如果给这些次生代谢物生成过程带来某些变化，那么蝴蝶的适应度也将受到很大的影响。近年来，生物学家发现蜜蜂、蝴蝶等为花朵授粉的昆虫越来越少了，它们的消失可能与空气污染有极大的关系。

随着工业化和城市化的迅速发展，重金属污染已经成为一个全球性的环境问题。重金属污染不仅加速了生态环境的恶化，对生物多样性构成威胁。环境中的重金属污染也可通过昆虫（含蝴蝶）的呼吸、表皮和摄食等途径进入虫体，从而对其生长发育产生影响。受重金属影响，蝴蝶的发育历期将发生改变，包括化蛹率、体重、繁殖力、产卵量、卵孵化率降低，死亡率升高，种群数量下降等。通过对安徽琅琊山铜矿区 9 种蝴蝶重金属分析表明，蝴蝶可以富集 Hg 和 Pb 元素，其 Cu、Zn 元素的比值也与环境污染程度相关。

3.2.2 栖息地破坏

3.2.2.1 天然林锐减

在经济利益的驱动下，很多地方将大面积原始植被改造成单纯的人工经济林，天然林锐减，人工经济林植被单一，生物多样性贫乏。物种的多样性与环境的多样性呈正相关，即环境类型越复杂多样，物种多样性指数也越高。植物群落结构单一，环境质量相对较差，蝴蝶的多样性指数、物种丰富度和均匀度指数均为最低，而优势度指数最高。

众多研究表明，不同生境类型中蝴蝶种类和数量与生境的复杂程度呈正相关，生境越复杂，蝶类物种越多，人工林蝶类多样性普遍较低。21 世纪以来，云南有约 200 万 hm^2 的原始植被被桉树纯林所取代，西双版纳的橡胶林也达到 13 万 hm^2 左右，使得当地生物包括蝶类多样性锐减；由于人类生产活动，湖北应山自然保护区部分阔叶针叶天然混交林被砍伐，形成了以杉木为单一种的人工次生林，部分天然灌木林开垦为果园、茶园和农作物种植区，导致保护区部分区域植被种类单一，使蝶类的多样性受到威胁；在广西大瑶山，人工林替代原生阔叶林也是威胁金斑喙凤蝶栖息环境的重要因素，1930 年至 1981 年共计减少阔叶林 331 062 km^2，金斑喙凤蝶广西亚种栖息地核心区域减至 18km^2；在秦岭南坡，诸如伐木、毁林开田等行为导致长尾虎凤蝶的栖息地退化和丧失；湖南省桃源县乌云界自然保护区中，当地居民以种植毛竹作为经济来源之一，但这些竹类扩张能力较强，扩张后的生境几乎导致其他植物无法生存，如果竹林继续泛滥，甚至将导致中华虎凤蝶生境丧失；在白水江自然保护区，金裳凤蝶和长尾麝凤蝶种群面临的最大威胁是生境丧失和退化，持续的毁林开荒、砍柴使生境不断丧失。

3.2.2.2 栖息地破碎化

生境破碎化是指大块连续分布的自然生境被其他非适宜生境分隔成许多面积较小生境板块的过程，其将导致生态系统严重退化，进而改变斑块生境中生物多样性、种间关系、群落结构和生态系统。生境破碎化可导致生态系统严重退化，是生物多样性降低的主要原因之一。生态环境的丧失和破碎化对蝶类生物多样性的影响也是至关重要的，尤其对稀有蝴蝶种群的生存与繁衍的影响是致命的。

白水江自然保护区蝶类种群在斑块内处于灭绝、再定居的动态过程，灭绝率大于再定居率，即种群处于下降趋势；威胁金斑喙凤蝶繁衍生息的因素之一是人类经济发展和过度地开发自然资源，强度干扰它们的生存环境，使它们的分布碎片化，DNA 基因难以交流；对三峡库区蝶类的研究结果表明，三峡库区蝶类现在的分布反映了库区生境破碎化的结果，在调查设计的 80 个小生境中，有 25 个过于破碎、面积太小，这意味着适宜的生境斑块周围分布不适宜生境，种群受到面积效应、隔离效应、边缘效应等的影响；甘肃白水江自然保护区东南部边缘的碧峰沟，从沟口到沟内 6km 的山坡上坡度 30° 以下的坡面几乎 80% 以上都被开垦为农田，陡坡上的植被严重片段化，这样，蝴蝶及其他许多物种都因丧失生境而趋于灭绝；近年来，由于开荒种地、道路建设等原因导致舜皇山森林植被破碎化加剧，蝴蝶栖息地遭到严重破坏，生境破碎化加剧，生境破碎化会使那些需要较大生境斑块的"森林内部种"或"面积敏感种"趋于灭绝，例如枯叶蛱蝶成虫喜阴暗的林缘地带，由于森林破坏，种群就会急剧萎缩。

3.2.2.3　其他破坏方式

除了天然林大面积被人工林取代、栖息地破碎化严重威胁蝴蝶栖息地外，其他多种人类活动也对蝴蝶栖息地造成严重破坏。在大瑶山，1956 年至 1981 年的拓荒面积总计 114 000 km^2，山地植被资源的人为开垦和采伐是导致金斑喙凤蝶栖息地急剧缩小的主要因素；新疆西北部尼勒克县一些乡镇蝴蝶品种变少、种群变小，一个重要的原因就是草场的退化，蝴蝶正是草场退化的亲历者和受害者。由于国际经贸交流和人员往来日益频繁，外来物种扩散的规模和速度超过以往任何时期，外来入侵物种一旦形成优势种群，将不断排挤本地物种并最终导致本地物种灭绝，破坏生物多样性，使物种单一化，甚至导致生态系统的物种组成和结构发生改变，最终彻底破坏整个生态系统。

在昆明市金殿国家森林公园，紫茎泽兰侵害了以低矮木本和草本构成的灌丛，侵害面积大、范围广，给蝶类的主要栖息地造成了较大破坏；近年来，由于土地的大量开发利用，裳凤蝶污斑亚种的栖息地变少，是导致裳凤蝶在自然界中十分稀少的重要原因之一；2004 年的香港大埔"凤园"及 2008 年的香港粉岭鹿颈地区，大片树林惨遭焚毁，大量珍贵蝴蝶被活活烧死；西双版纳自 2005 年以来，经济作物场价格不断高涨，导致大面积的荒地被开垦，蝴蝶的栖息地受到严重威胁，其数量也越来越少；金斑喙凤蝶蛹态的拟态行为将自身"装扮"成一片绿叶迷惑天敌，然而在广西大瑶山垦殖常绿阔叶林下层种植经济植物（如灵香草 *Lysimachia foenum-graecum* Hance）已成为当地农民经济来源之一，在被开垦的区域，这种"装扮"行为不再具有隐蔽作用，从而对金斑喙凤蝶蛹期成活率造成不利影响。

3.2.3　农药

我国农业上控制害虫、清除杂草最常见方式就是喷洒各种化学农药。农药在除草杀虫的同时，对蝴蝶幼虫、成虫及部分蝴蝶寄主、蜜源植物也造成了严重损害。研究表明，0.002 5% 施用浓度的拟除虫菊酯类杀虫剂即可导致金凤蝶 *Papilio machaon* Linnaeus、玉带凤蝶 *P. polytes* Linnaeus、碧凤蝶 *P. bianor* Cramer 和金斑蝶 *Danaus chrysippus*（Linnaeus）等 5 龄幼虫 100% 死亡；药剂配制为溴氰菊酯与柴油比例为 0.25：10，能使绝大部分箭环蝶 *Stichophthalma howqua*（Westwood）幼虫掉落在地上，慢慢死亡，致死率达 95% 以上。在甘肃省南部白水江自然保护区部分地区，为了除草，每年都喷洒除草剂，使马兜铃 *Aristolochia debilis* Sieb. & Zucc. 干枯，马兜铃是金裳凤蝶 *Troides aeacus*（Felder & Felder）等多种蝴蝶的寄主植物；湖南省舜皇山国家森林公园园区周围有上千亩山地和农田，村民用化学农药必将给蝴蝶带来致命的威胁；在天津八仙山自然保护区，分布着数量较多的果树林，果树喷洒的农药也对蝶类多样性造成一定的影响；大量使用化学杀虫剂也使得内蒙古自治区呼伦贝尔市蝶类资源量明显减少；大理蝴蝶泉公园周围农田大量喷洒农药也是导致蝴蝶消失的重要原因之一；由于耕作区大量农药的使用，对山西蝶类多样性的稳定产生了严重影响，使蝶类的多样性受到了严重的损失；在广西玉林市城郊，农药的大量使用，使得当地蝶类多样性偏低，除了菜粉蝶 *Pieris rapae*（Linnaeus）、东方菜粉蝶 *P. canidia*（Sparrman）等害虫大量发生外，其他蝴蝶数量非常少；香港粉岭鹿颈是有 11 种达罕见级别蝴蝶的栖息地，但沿海大片林木遭喷洒除草剂而枯死，整体受影响林木带长达 400 至 500 m，蝴蝶生态恐遭严重破坏。

3.2.4　人为捕捉

随着蝴蝶观赏、标本制作、喜庆放飞等关于蝴蝶的利用越来越广泛，利用规模也越来越大，使得养殖蝴蝶根本无法满足日益增长的蝴蝶市场的需求。因此，众多蝴蝶商人铤而走险，在野外大量地捕捉蝴蝶甚至是国家保护蝶种，无节制的大规模捕捉将导致野外蝴蝶数量迅速下滑。多数凤蝶科种类属著名的观赏种类，更是不断遭到人为采集和捕捉。据不完全统计，在云南省西双版纳地区每年蝴蝶交易量高达 150 万只，蝴蝶资源丰富的一些自然村寨 90% 以上的农户都捕捉蝴蝶出售，以获取可观的经济收益。据一些常年捕捉蝴蝶的村民反映，西双版纳布朗山白袖箭环蝶 *Stichophthalma louisa* Wood-Mason 由过去每人每天捕捉几千只，降至现在每天仅能捕捉百余只。蝴蝶数量减少的同时，蝶种也越来越少，有些蝶种由常见种变为罕见种，如红翅尖粉蝶 *Appias nero*（Fabricius）。对西双版纳野外蝴蝶的采集致使野外金裳凤蝶 *Troides aeacus*（Felder & Felder）和裳凤蝶 *T. helena*（Linnaeus）的数量逐年降低；有个别地方的人工采捕，使裳凤蝶污斑亚种 *T. helena spilotia* Rothschild 资源濒临枯竭；在秦岭南北坡都有对长尾虎凤蝶卵和幼虫的采集行为，秦岭太白山及周边地区尚有学者以研究为借口大量采集长尾虎凤蝶卵和幼虫，人为捕捉和采集直接导致野外种群数量下降；南京紫金山，标本商及游人的捕捉行为对紫金山珍稀或较珍稀蝶种构成了巨大威胁，使一些蝶种数量急剧减少，如冰清绢蝶 *Parnassius glacialis* Butler；由于中华虎凤蝶色彩斑斓，极具观赏价值，人为无节制的采集也使得其数量大量减少；人为捕捉也是台湾蝴蝶减少重要原因之一；自 20 世纪 90 年代以来，在湖南舜皇山国家森林公园，众多村民、游客和研究者到山上肆意捕捉导致其野生蝴蝶种群数量急剧下降，受到一定程度的破坏，许多特有珍稀种类濒临灭绝，如金裳凤蝶的数量越来越少；在广西大瑶山，作为国家一级保护动物的金斑喙凤蝶也受到不法分子的大肆捕捉；由于过去对阿波罗绢蝶 *Parnassius apollo*（Linnaeus）的大量采集，致使现在已较难采到其标本；在云南省元江县，红绶绿凤蝶 *Pathysa nomius*（Esper）、金斑蝶 *Danaus chrysippus* (Linnaeus)、虎斑蝶 *D. genutia*（Cramer）、青斑蝶 *Tirumala limniace*（Cramer）、蓝点紫斑蝶 *Euploea midamus*（Linnaeus）等蝶种曾遭到当地村民的大规模捕捉，他们再以不同蝶种对应的价格卖给外地蝶商。

3.2.5　寄主植物破坏

　　蝴蝶的寄主植物比较单一，幼虫取食植物范围较窄，因此，其一种或少数几种的寄主植物被破坏后，往往由于无法适应新的环境，缺少食物而受到严重影响。中华虎凤蝶的已知寄主植物仅为马兜铃科 Aristolochiaceae 细辛属 *Asarum* L. 植物，在江苏省自然分布的仅有杜衡 *A. forbesii* Maxim.，它是中药材，江苏南部各地药材公司曾经收购，导致杜衡数量减少，影响中华虎凤蝶野外种群；在陕西太白山人为采挖细辛 *A. sieboldii* Miq. 活动非常严重，有 90% 至 95% 的野生细辛已经被挖光，中华虎凤蝶的自然生存受到严重威胁；即使在整个中华虎凤蝶分布区，收购野生杜衡和细辛的现象仍旧持续存在。杜衡和细辛都可作药用，作为药材的需求量很大且较稳定，长期以来作为传统中药材被采集利用，中华虎凤蝶幼虫常因食物不足死亡，人类活动的冲击直接减少了寄主植物的数量，寄主植物的过度采挖是导致中华虎凤蝶致危的主要原因；在云南省金平县分布着数量巨大的箭环蝶，其寄主植物为中华大节竹 *Indosasa sinica* C. D. Chu & C. S. Chao，竹子被砍伐及竹笋被破坏也使得箭环蝶种群数量受到严重威胁；三尾凤蝶 *Bhutanitis thaidina*（Blanchard）寄主植物宝兴马兜铃 *Aristolochia moupinensis* Franch.，藤茎可入药，有除烦退热、消热利湿、行水下乳、排脓止痛的功能，宝兴马兜铃在玉龙雪山和大理苍山等地已十分稀少，仅在一些地势陡峭林缘沟边有少量分布，这可能主要与当地居民采集挖掘有关，特别是 20 世纪 60 年代至 80 年代大量挖掘使其数量急剧下降。

3.2.6　放牧

放牧危害蝴蝶主要通过以下两个途径：一是直接损害附着在植物、地面等的蝴蝶幼虫、卵和蛹；二是破坏蝶类的生境，以及生长在其中的蝴蝶蜜源植物和寄主植物。在昆明市金殿国家森林公园内，存在放养较多数量的羊群，羊群取食草本植物，其中很多植物是蝴蝶的蜜源植物和寄主植物，从而使蝴蝶的生长、取食、产卵等活动受到威胁；在青海祁连山地区的研究表明，由于放牧的影响，部分地区植被遭到严重的破坏，几乎已露出地表土层，植被总盖度仅为 17.5%，其四川绢蝶 *Pamassius szechenyii* Frivaldszky 数量与同区位植被未遭受破坏的地区相比较有显著差异，四川绢蝶对植被已经遭到严重破坏的生境有着回避行为；甘肃省永靖县，过度的放牧使当地的寄主植物数量减少，君主绢蝶 *P. imperator* Oberthür 幼虫的生存受到危害；在黑龙江省佳木斯地区四丰山的蝴蝶栖息地，羊、牛等牲畜活动频繁，环境状况不容乐观，丝带凤蝶 *Sericinus montelus* Gray 的生存受到严重影响；研究表明，人畜践踏对白水江自然保护区的马兜铃和长尾麝凤蝶幼虫生存也有不利影响。

3.2.7　旅游开发

近年来，部分地区政府及居民为追求经济发展，生态环境较好的自然区域，如国家森林公园、自然保护区等，受到越来越广泛的旅游开发。旅游开发带来的生态环境污染和破坏给蝴蝶的生长、繁殖等活动带来一定程度的危害。浙江天童国家森林公园蝶类有 10 科 58 属 82 种，较为丰富，但是相较其他保护区或山地，其种类相对较少。这可能与公园所处的地理位置和经济发展程度密切相关，该地区因旅游开发受到较大的人为干扰；自 20 世纪 90 年代舜皇山开发旅游以来，湖南舜皇山丰富的蝴蝶资源逐渐被外面世界所知，许多特有珍稀种类濒临灭绝；随着新疆阿勒泰地区旅游业的发展，多种昆虫包括蝴蝶资源赖以生存的自然环境正面临被破坏的危险；由于江西井冈山是著名的风景游览区，而井冈山金斑喙凤蝶的分布区域大部分是人迹罕见但风景优美的区域，随着旅游的需要，这些区域将不可避免地开发出来，这就给金斑喙凤蝶的保护提出了严峻的挑战；安徽鹞落坪国家级自然保护区蝶类多样性明显，优势度较低，而湖北桃花冲国家级森林公园蝶类的优势度明显，这不仅与样地的植被差异密切相关，也反映出开发旅游业对生态结构的稳定性造成威胁。当然，单纯的生态环境保护也失去了保护的意义，在维护生态环境健康的基础上，以不危害生物多样性为原则，做到适当地、可持续地旅游开发。

3.2.8 城市化

随着我国城市化的不断推进，城市硬地增加，绿地面积减少，城市绿地多数呈斑块化分布，植物组成也多以绿化树种为主，空气污染严重，人为干扰增强。蝶类多样性与城市化进程的协同进化。城市化区域中绿地面积减小，蝴蝶幼虫寄主植物和成虫蜜源植物减少，蝴蝶种类和数量也相应减少。寄主植物减少，使得应对策略完善的蝴蝶幼虫更容易在竞争中存活。城市自然生境的斑块化，对蝴蝶成虫也存在选择压力，蝴蝶成虫的飞翔能力和习性影响蝴蝶的生存及发展。对寄主和蜜源植物专一性相对较低、具有飞翔能力强、喜欢飞翔移动的蝴蝶更容易在城市化背景下存活。城市化伴随着人为干扰，抗干扰能力强的蝶种更易在快速城市化区域中生存和繁殖。蝴蝶多样性指数和丰度沿城市化梯度变化明显，城市化水平越高，蝴蝶多样性指数越低。在昆明市区，蝴蝶群落具有较高的多样性和稳定性，但群落特征与距主城区距离存在联系，距离越远，物种丰富度和多样性越高；海南海口的城市建设和发展迅速，使原来较稳定的生物群落及种群发生了剧变，蝴蝶的生存也受到了极大的影响；缙云山自然保护区位于快速城市化进程中的重庆市主城区，不可避免地要受到城市化的各种影响，这种影响是负面的，其蝶类多样性指数呈下降趋势。

3.2.9 气候变暖

蝴蝶属于变温动物，温度可以影响蝴蝶行为。全球气候变化尤其是全球变暖将直接导致蝴蝶种群被动迁移而难以适应新环境、蝴蝶类群的物候期、与寄主和蜜源植物协同关系以及飞行行为的变化甚至引起成虫形态特征的变化。另外，大气二氧化碳（CO_2）浓度含量增加，提高了寄主植物的碳水化合物含量，但同时降低了寄主植物的氮（N）含量，增加其碳氮比（C/N），对蝴蝶幼虫生长发育带来不利影响，导致幼虫生长发育缓慢。其具体表现为：蝴蝶类群物候期提前、蝴蝶形态特征的变化、蝴蝶向高纬度迁移、向高海拔迁移、种群灭绝风险增加、物种多样性降低。

受到全球变暖的影响，来香港越冬的蝴蝶数量已经大幅减少，其中位于屯门小冷水的全港最大斑蝶越冬地，跌幅超过 90%。斑蝶对温度特别敏感，全球变暖导致它们原本栖息地温度上升，变得暖和，改变了它们来港过冬的行为。台湾也面临同样的问题，斑蝶越冬到台的模式也有所变化，越冬期开始变得较短，由以往逗留二至三个月，缩短到一个月；在江苏南京，翠蓝眼蛱蝶 *Junonia orithya* (Linnaeus) 已经成为天气变暖的牺牲品；由于气候变暖，在甘肃小陇山，一些热带蝴蝶种类沿着嘉陵江从南向北迁飞，有 16 种热带蝴蝶种类已经在秦岭南坡、嘉陵江源头的森林中定居下来；随着全球气候变化的影响，在新疆天山等高山地区温度的上升更加明显，并导致雪线上移，部分仅分布在高山草甸带和垫状植被带的蝶类物种的栖息地将受到影响；气候变暖使南京紫金山蝶类区系正朝着不利于古北种生存的环境发展；全球气候变暖可能也是造成三尾凤蝶分布格局和种群受危的主要原因；阿波罗绢蝶以幼龄在卵壳中越冬，因而冬季、春季温度对阿波罗绢蝶卵能否安全越冬及能否正常孵化至关重要，阿波罗绢蝶属于喜寒物种，冬季温度偏高或早春温度迅速回升都不利于阿波罗绢蝶卵安全越冬和胚胎正常发育，因此，全球气候变暖及天山西部的继续增温将越来越不利于阿波罗绢蝶种群的生存和繁衍。

3.3 自 然 灾 害

3.3.1 低温

温度对蝴蝶的生长速度、发育历期、繁殖世代、滞育时段、成活率等都产生较大影响，而低温主要通过四种途径影响蝴蝶种群发展。

① 根据有效积温法则，蝴蝶在生长发育过程中，必须从外界摄取一定的热量才能完成其某一阶段的发育，而且，其各个发育阶段所需要的总热量是一个常数。任何蝴蝶发育都是从某一特定温度开始的，其开始发育的温度就称为发育起点温度。菜粉蝶蛹的发育起点温度最低为 14.5℃，卵的发育起点温度最高为 8.4℃；中华虎凤蝶各龄幼虫的发育起点温度在 6.96~10.49℃；长尾虎凤蝶卵的发育起点温度为 (8.32 ± 1.21)℃；斑缘豆粉蝶卵的发育起点温度为 (13.099 ± 1.778)℃，蛹为 (12.099 ± 0.451)℃；丝带凤蝶卵、幼虫、蛹的发育起点温度分别为 8.7℃、11.9℃ 和 6.9℃；裳凤蝶卵和幼虫的发育起点温度分别为 7.8℃ 和 11.99℃；麝凤蝶卵、幼虫、蛹的发育起点温度分别为 9.3℃、7.1℃、6.8℃；大红蛱蝶 *Vanessa indica*（Herbst）的卵、幼虫和蛹的发育起点温度分别为 (10.8 ± 0.25)℃、(12.4 ± 0.40)℃ 和 (13.0 ± 0.40)℃。只有在发育起点温度以上的温度对蝴蝶发育才是有效的，低于该温度则无法正常生长。

② 在一定温度范围内，随着温度的增加，蝴蝶卵孵化、幼虫生长、蛹羽化速度也随之加快，低温将减慢蝴蝶生长速度。随着温度的升高，菜粉蝶 *Pieris rapae*（Linnaeus）完成一个世代平均需要的天数逐渐缩短，在 18℃ 完成一个世代平均需要 45.8 d，21℃ 平均需要 40.2 d，24℃ 平均需要 34.4 d，27℃ 平均需要 29.2 d，30℃ 完成一个世代平均需要 20.4 d；温度对枯叶蛱蝶 *Kallima inachus* Doubleday 幼虫的发育历期影响十分明显，在一定光照条件下，20℃、25℃ 和 30℃ 时幼虫历期分别在 31.7~36 d、26.3~27.4 d 和 21~21.5 d，表明枯叶蛱蝶幼虫的生长发育速度随温度升高而加快，发育历期也缩短；随着温度上升，美凤蝶 *Papilio memnon* Linnaeus 幼虫的生长发育也随之加快，发育历期也

缩短；在 2008 年发现部分君主绢蝶羽化后畸形，初步判断这种情况就是由当年年初的强降温天气造成的。极端恶劣的天气状况导致幼虫个体发育受阻，无法完成正常的发育过程，也推迟了幼虫的发育历期，使其不能按时完成生命过程，导致发育不完全。

③ 蝴蝶滞育是其机体从直接发育进程中转入一种深层次新陈代谢路线中断的发育暂停阶段，是其长期适应不良自然环境而获得的一种生存本能。温度对蝴蝶滞育有诱导作用，是蝴蝶进入滞育的重要因素，低温影响滞育的发育速率和滞育强度。蝴蝶往往同时对光周期和温度做出反应，温度能加强或削弱光周期的诱导作用，仅少数种类只对温度敏感。在每日光照 10 h 的条件下，低温可促进菜粉蝶的蛹进入滞育。温度对黑纹粉蝶 *Pieris melete* Ménétriès 滞育的维持和终止具有重要作用，低温加速其滞育的发育或终止。

④ 低温可导致蝴蝶死亡。影响浙江省天目山苎麻珍蝶 *Acraea issoria*（Hübner）种群密度的高低主要为低温，2008 年年初的大雪使其种群密度远远小于 2009 年；在浙江的景宁、泰顺、龙泉和遂昌等县市的部分山区，冬季严寒和早春寒潮能冻死大量黑紫蛱蝶 *Sasakia funebris*（Leech）越冬幼虫，约有 70% 的幼虫在冬季被冻死。在春季温度回升后，一些苏醒活动比较早的幼虫，若遭寒潮袭击，会因抗寒力下降而被冻死，此期冻死的幼虫约有 10%；在南京地区，由于中华虎凤蝶羽化期较早，且 3 月份的气候极不稳定，在转暖过程中，常有多次寒流影响，并伴随连绵阴雨，这对蛹的羽化、成虫的交尾和产卵等极其不利，低温还会引起成虫大量被冻死；甘肃省永靖县，极端的异常气候（强降温、霜冻、降雪）是影响君主绢蝶种群数量下降的主要因子；2008 年全国发生特大雨雪冰冻灾害，导致了广东南岭国家级自然保护区蝴蝶及其寄主植物大量死亡，整个林区蝶类的种群密度极低，与往年相比，种群密度减低了约 90%，而凤蝶科的种群数量只占常年的 37.5%。

3.3.2 其他自然灾害

除低温对蝴蝶影响外，诸如我国近几年频发的干旱、洪水和地震等自然灾害也加剧了自然因素对蝴蝶生物多样性资源的影响，如自然灾害等已严重影响宽尾凤蝶 *Agehana elwesi*（Leech）野生种群的生存。洪水通过毁坏蝴蝶栖息地、破坏寄主植物以及直接冲走蝴蝶卵、幼虫和蛹对蝶类多样性产生不利影响。2009 年台湾省台东县"八八水灾"后，七成以上蝴蝶栖息地遭到破坏，近 300 万只蝴蝶只剩下 50 余万只，又以紫斑蝶属 *Euploea* 蝴蝶的栖息地受创最严重；甘肃省永靖县，大雨暴雨极易造成当地山体塌陷、滑坡，大量的君主绢蝶幼虫被洪水冲走、掩埋；干旱主要通过影响蝴蝶的寄主植物正常生长，间接制约蝴蝶种群数量发展。2010 年春天西南五省区的持续干旱，致使云南省金平县的箭环蝶 *Stichophthalma howqua*（Westwood）数量较往年锐减。

3.4　小　　结

蝴蝶越来越受到诸多人为以及自然因素的影响，直接或间接地威胁蝴蝶繁殖、生长、羽化、交配等正常生长过程，从而对蝴蝶种群发展造成不利影响。蝴蝶的主要威胁因子有环境污染、栖息地破坏、农药喷洒、人为捕捉，这些威胁因子对蝴蝶威胁巨大，不仅降低蝴蝶种群数量，可能导致某些蝶种灭绝；蝴蝶的次要威胁因子有寄主植物破坏、放牧、旅游开发、城市化、气候变暖等人为因子，也包括低温、洪水、天敌危害、蝴蝶自身因素等自然因子，这些因子也会导致自然界中蝴蝶越来越少，是蝴蝶正常生存的制约因素。

第4章

中国珍稀蝶类甄选

4.1 珍稀蝶类的概念

4.1.1 提出珍稀蝶类概念的背景

自地球上出现生物以来，经历了 30 亿年漫长的进化过程。现今地球上共生存着大约 500 万~1 000 万种生物。物种灭绝本是生物发展中的一个自然现象，物种灭绝和物种形成的速率也是平衡的。但是，随着人类社会的高速发展，这种平衡遭到前所未有的威胁，使得物种灭绝的速度不断加快。以高等动物中的鸟类和兽类为例，从 1600 年至 1800 年的 200 年间，总共灭绝了 25 种，而从 1800 年至 1950 年的 150 年间则共灭绝了 78 种。同样，高等植物每年灭绝 200 种左右，如果再加上其他物种，目前世界大致上每天就要灭绝一个物种。物种一旦灭绝，是不可能再现的。在已经灭绝和行将灭绝的物种中，有许多尚未经过科学家进行分类和仔细研究，人类对它们的情况几乎一无所知。这些物种所携带的基因中储存的潜在价值是巨大的，很可能成为新的食物、药物、化学原料以及建筑材料和燃料等可以持续利用的资源。因此，物种灭绝对整个地球的食物供给所带来的危害和威胁以及对人类社会发展带来的损失和影响是难以预料和挽回的。同时，野生动物灭绝的危机也在警醒人们要保护自然环境，因为一个不能适合野生动物生存的环境也许很快也不再适合人类的生存。因此，如何有效地保护野生动物，全力拯救珍稀濒危物种，已是摆在人类面前的一个刻不容缓的紧迫任务。

中国是珍稀动物分布大国。据不完全统计，仅列入《濒危野生动植物种国际贸易公约（CITES）》附录的原产于中国的濒危动物有 120 多种（指原产地在中国的物种），列入《国家重点保护野生动物名录》的有 257 种，列入《中国红色物种名录》的鸟类、两栖爬行类和鱼类有 400 种，列入各省、自治区、直辖市重点保护野生动物名录的还有成百上千种。20 世纪 80 年代以来，中国进口了不少动物，如湾鳄、暹罗鳄、食蟹猴、黑猩猩、非洲象等。这些外来的濒危动物，也受到了国家的重点保护。由于我国人口众多，活动范围广，使许多珍贵的野生动物被迫退缩残存在边远的山区、森林、草原、沼泽、荒漠等地区，分布区极其狭窄。随着经济的持续快速发展和生态环境的日益恶化，中国的濒危动物种类还会增加。

蝴蝶属于节肢动物门（Arthropoda）昆虫纲（Isecta）鳞翅目（Lepidoptera）锤角亚目（Rhopalocera）昆虫，根据《中国物种红色名录（CSRL）第三卷·无脊椎动物》记载，蝶类受威胁（包括濒危、近危）的比例为 12.8%，近危的比例为 20.10%。如不尽早采取切实有效的保护措施，将面临更加严重的生态后果。

4.1.2　珍稀蝶类的概念

珍稀蝶类、也称珍稀濒危蝴蝶（rare butterfly），是指在自然界中具有重要科学、生态和经济价值、个体和种群数量十分稀少或处于急剧下降状态、地域分布狭小、生存濒临灭绝危险的蝴蝶物种。

珍稀蝶类概念包括以下含意：

① 自然：在自然界中，表示是在自然条件下，是一种现实生存状态。

② 珍贵：表示具有重要科学、生态和经济价值。

③ 稀有：表示个体数量稀少。

④ 数量锐减：表示种群数量处于急剧下降状态。

⑤ 地域分布狭小：是指栖息地范围狭窄。

⑥ 濒危：表示生存濒临灭绝危险。

4.2　甄选中国珍稀蝶类的目的

4.2.1　提高珍稀蝶类的保护效率

（1）加强针对性。

甄选中国珍稀濒危蝴蝶保护对象的主要目的，首先是明确急需保护的中国重要珍稀濒危蝴蝶种类，以便有针对性地制定保护措施，真正做到有的放矢。

（2）减少盲目性。

明确应当实施重点保护的珍稀濒危蝴蝶对象，可以避免将有限的保护资源分散使用，平均使用，最大限度地降低实施珍稀濒危蝴蝶保护行动中的盲目性，减少不必要的资源浪费，从而确保在现有技术、资金、人才和设备条件下，根据具体情况、分轻重缓急，有计划、有目的的采取珍稀濒危蝴蝶保护行动。

（3）提高保护效率。

科学甄选珍稀濒危蝴蝶的保护物种，适当缩小保护范围，可以集中力量、集中注意、集中资源，确保有钢用在刀刃上，从而降低珍稀濒危蝴蝶的保护成本，提高珍稀濒危蝴蝶的保护效率，确保珍稀濒危蝴蝶保护目标的顺利实现。

4.2.2　减缓珍稀蝶类的绝灭速度

确定中国珍稀濒危蝴蝶保护对象的最终目的，就是尽最大可能，将有限的保护资源科学、高效、有针对性地用于最需要保护的珍稀濒危蝴蝶物种身上，最大限度地减缓有重要科学、生态和经济价值的珍稀濒危蝴蝶物种绝灭的速度，使之更有利于人类的长远发展。

4.2.3　为珍稀蝶类保护和可持续利用提供依据

确定中国珍稀濒危蝴蝶保护对象，弄清中国珍稀濒危蝴蝶致危原因，将有助于明确中国珍稀蝴蝶保护的具体目标，从而为中国珍稀濒危蝴蝶的保护和可持续利用提供科学依据，以便各级政府及相关管理部门制定行之有效、便于操作的保护行动计划。

4.3　甄选中国珍稀蝶类的原则

（1）域有所存的原则。

即被甄选的中国珍稀濒危蝴蝶必须是在中国境内有事实分布的物种。

（2）科学严谨的原则。

尊重事实，尊重科学，严肃、认真、谨慎地甄选被保护对象。首先，要确认被甄选蝴蝶物种是具有重要价值的；其次，要确认被甄选蝴蝶物种分布狭窄、个体或种群数量稀少或趋于急剧下降的；第三，要确认被甄选蝴蝶物种的濒危状态，即如不尽快加以特别保护，将可能永久性消失的。

（3）效率优先的原则。

甄选中国珍稀濒危蝴蝶物种时，应优先考虑濒危、珍稀、法定的珍稀濒危蝴蝶物种，同时兼顾中国特有的蝴蝶物种和一些渐危的蝴蝶物种。可选可不选的，原则上不选，以便保证将有限的保护资源迅速、直接、准确、有效地作用于被保护蝴蝶对象，使形势更加急迫、处境更加危险、问题更严重的珍稀濒危蝴蝶物种能够得到优先保护。

（4）以人为本的原则。

甄选中国珍稀濒危蝴蝶物种时，将着眼于人类的现实利益和长远利益，尽可能尊重人们的认识水平、实际感受和社会接受程度。

4.4　甄选中国珍稀蝶类的条件

（1）法定。

被甄选蝴蝶物种已被列入《濒危野生动植物种国际贸易公约》（CITES）附录、《国家重点保护野生动物名录》、或《国家保护的有益的或者有重要经济、科学研究价值的陆生野生动物名录》。例如金斑喙凤蝶 *Teinopalpus aureus* Mell。

（2）濒危。

被甄选蝴蝶物种在其分布的全部或显著范围内有随时灭绝的危险。通常由于栖息地丧失或破坏、过度捕杀等原因，其生存濒危，例如麝凤蝶 *Byasa alcinous*（Klug）。

（3）稀有。

被甄选蝴蝶物种虽无灭绝的直接危险，但其分布范围很窄或很分散或属于不常见的单种属或寡种属。例如玉龙尾凤蝶 *Bhutanitis yulongensis* Chou、斑珍蝶 *Acraea violae* (Fabricius)。

（4）珍贵。

被甄选蝴蝶物种具有重要科学、生态或经济价值，个体数量和种群数量稀少。例如宽尾凤蝶 *Agehana elwesi*（Leech）。

（5）特有。

被甄选蝴蝶物种为中国特有，在世界上其他国家和地区均无分布，并且具有较高科学、生态或经济价值，数量不多。例如长尾虎凤蝶 *Luehdorfia longicaudata* Lee。

（6）易危。

蝴蝶物种虽然具有一定的数量和分布，但其生存受到人类活动和自然原因的严重威胁，个体和种群数量急剧减少，如不尽快加以保护，将很快归入"濒危"等级。例如枯叶蛱蝶 *Kallima inachus* Doubleday。

4.5　甄选中国珍稀蝶类的依据

① 第七届全国人大常委会第四次会议 1988 年 11 月 8 日通过：《中华人民共和国野生动物保护法》。

② 国务院 1988 年 12 月 10 日批准，原林业部、农业部发布施行：《国家重点保护野生动物名录》。

③ 国家林业局第 7 号令：《国家保护的有益的或者有重要经济、科学研究价值的陆生野生动物名录》（简称"三有名录"），2000 年 8 月 1 日发布实施。

④ 汪松、解焱主编，《中国物种红色名录（第三卷·无脊椎动物）》，北京：高等教育出版社，548-805。

⑤《濒危野生动植物种国际贸易公约》（CITES）附录Ⅰ和附录Ⅱ，2010 年修订版。

⑥ 国家林业局 2014 年中央财政野生动植物保护专项：《中国珍稀蝶类保护策略研究》课题成果。

⑦ 国家林业局保护司 2014 年《全国珍稀昆虫保护行动计划（蝶类）》项目成果。

⑧ 国家林业局 2014 年中央财政野生动植物保护专项：《中国珍稀蝶类栖息地维护保护试点》课题成果。

⑨ 国家林业局 2015 年中央财政野生动植物保护专项：《金平县珍稀蝶类栖息地维护与改善试点》课题成果。

⑩ 国内外各级各类科学期刊上公开发表的论文（见参考文献）。

⑪ 国内外公开出版的相关专业书籍（见参考文献）。

⑫ 权威专家研讨与寻访。

4.6　中国珍稀蝶类建议名录

经综合考证、反复甄选，最终确定 7 科、17 属、28 种蝴蝶，作为中国珍稀蝴蝶建议名录（见表 4-1）。

表 4-1　中国珍稀蝴蝶建议名录

科 Family	属 Genus	种 Species	备　注
凤蝶科 Papilionidae	喙凤蝶属 *Teinopalpus*	金斑喙凤蝶 *T. aureus* Mell 喙凤蝶 *T. imperialis* Hope	CITES 附录Ⅱ，国家Ⅰ级 CITES 附录Ⅱ，国家Ⅱ级
	虎凤蝶属 *Luehdofia*	中华虎凤蝶 *L. chinensis* Leech 长尾虎凤蝶 *L. longicaudata* Lee 虎凤蝶 *L. puziloi*（Erschoff）	国家Ⅱ级 三有昆虫 三有昆虫
	裳凤蝶属 *Troides*	裳凤蝶 *T. helena*（Linnaeus） 金裳凤蝶 *T. aeacus*（Felder & Felder）	CITES 附录Ⅱ CITES 附录Ⅱ
	尾凤蝶属 *Bhutanitis*	二尾凤蝶 *B. mansfieldi* Riley 三尾凤蝶 *B. thaidina*（Blanchard） 玉龙尾凤蝶 *B. yulongensis* Chou 多尾凤蝶 *B. lidderdalii* Atkinson	CITES 附录Ⅱ，国家Ⅱ级 CITES 附录Ⅱ，国家Ⅱ级 CITES 附录Ⅱ 三有昆虫
	宽尾凤蝶属 *Agehana*	宽尾凤蝶 *A. elwesi*（Leech）	三有昆虫
	麝凤蝶属 *Byasa*	麝凤蝶 *B. alcinous*（Klug）	三有昆虫
	燕凤蝶属 *Lamproptera*	燕凤蝶 *L. curia*（Fabricius） 绿带燕凤蝶 *L. meges*（Zinkin）	三有昆虫 三有昆虫
	曙凤蝶属 *Atrophaneura*	窄曙凤蝶 *A. zaleuca*（Hewitson）	三有昆虫
	锤尾凤蝶属 *Losaria*	锤尾凤蝶 *L. coon*（Fabricius）	三有昆虫
蛱蝶科 Nymphalidae	枯叶蛱蝶属 *Kallima*	枯叶蛱蝶 *K. inachus* Doubleday 翠带枯叶蛱蝶 *K. knyvetti* de Niceville	三有昆虫 濒危种
	紫蛱蝶属 *Sasakia*	黑紫蛱蝶 *S. funebris*（Leech）	三有昆虫
绢蝶科 Parnassiidae	绢蝶属 *Parnassius*	阿波罗绢蝶 *P. apollo*（Linnaeus） 四川绢蝶 *P. szechenyii* Frivaldszky 君主绢蝶 *P. imperator* Oberthür	CITES 附录Ⅱ，国家Ⅱ级 三有昆虫 三有昆虫
环蝶科 Amathusiidae	箭环蝶属 *Stichophthalma*	箭环蝶 *S. howqua*（Westwood）	三有昆虫
	交脉环蝶属 *Amathuxidia*	森下交脉环蝶 *A. morishitai* Chou & Gu	三有昆虫
眼蝶科 Satyridae	豹眼蝶属 *Nosea*	豹眼蝶 *N. hainanensis* Koiwaya	三有昆虫
粉蝶科 Pieridae	眉粉蝶属 *Zegris*	赤眉粉蝶 *Z. pyrothoe*（Eversmann）	三有昆虫
珍蝶科 Acraeidae	珍蝶属 *Acraea*	斑珍蝶 *A. violae*（Fabricius）	近危种

第 5 章

中国珍稀蝴蝶分述

5.1　金斑喙凤蝶

金斑喙凤蝶 *Teinopalpus aureus* Mell 隶属凤蝶科 Papilionidae 喙凤蝶属 *Teinopalpus*，国内分布于云南、江西、广西、广东、福建和海南等地，国外分布于越南、老挝等地。其寄主植物为木兰科 Magnoliaceae 的桂南木莲 *Manglietia chingii*、乳源木莲 *M. yuyuanensis*、光叶拟单性木兰 *Parakmeria nitida*、乐昌含笑 *Michelia chapensis*、金叶含笑 *M. foveolata* 等。金斑喙凤蝶在我国颁布的《国家重点保护的野生动物名录》中被列为Ⅰ级保护物种，也是国家林业局第 7 号令《国家保护的有益的或者有重要经济、科学研究价值的陆生野生动物名录》和《濒危野生动植物种国际贸易公约》中列入的蝴蝶种类。

5.1.1　形态特征

成虫：大型蝶类（见图 5-1）。身体和翅膀大部分分布绿色或黄绿色鳞片，触角为棒状，末端并向外弯曲。前翅正面基半部较端半部绿色鳞片为多，在没有绿色鳞片覆盖的地方呈黑色，近基部有条从前缘到达后缘的黄绿色斑纹。后翅基半部呈绿色，中央有块大的黄色斑纹；斑纹下方有灰黄色晕，外缘成波形，M_1、M_2、M_3、Cu_1、Cu_2 向外突出，其中 M_3 特别突出，形成 1 条非常明显的末端为黄色的黑色尾突。雌蝶明显大于雄蝶，绿色颜色常呈灰白色，后翅的斑纹大，几乎占后翅的三分之二，其中 M_1 和 M_3 的特别突出，形成了 2 条尾突（见图 5-2、图 5-3）。

图 5-1　金斑喙凤蝶 *Teinopalpus aureus* Mell

图 5-2　雌成虫正面

图 5-3　雌成虫反面

卵：淡紫红色或紫红色，较光滑，有暗光泽；扁球体状；个体大，直径 2.4～2.5 mm，高 1.45～1.55 mm；单粒位于寄主植物叶面上，底部稍向内凹陷；孵化前 2～3 d 卵体内部成混沌状，卵色开始变化；孵化前 1 d，卵体外壳变得透明，内部可见黑色虫体。

5.1.2　生活习性

在广西大瑶山自然保护区金斑喙凤蝶 1 年发生 2 代。第一代：越冬蛹于翌年 4 月上旬至 6 月上旬羽化为春型成虫，雌雄成虫交配后于 5 月上旬至 6 月上旬在寄主植物叶面上产卵，5 月中旬至 7 月下旬为幼虫期，7 月上旬至 9 月上旬为蛹期。第二代：8 月上旬至 9 月中旬越夏蛹羽化，8 月中旬至 9 月中旬为成虫期，9 月上旬至 11 月上旬为幼虫期；10 月下旬开始化蛹，至翌年 3 月为越冬蛹期。另外，少部分越夏蛹当年不羽化，而至翌年 4 月上旬才开始羽化，因而 1 年仅发生 1 代。卵期 14～15 d；1 龄幼虫期 8～9 d，2 龄幼虫期 7～8 d，3 龄幼虫期 9～10 d，4 龄幼虫期 9～10 d，5 龄幼虫期 16～18 d；夏蛹 2～3 个月，越冬蛹 6～7 个月。

金斑喙凤蝶山顶林栖性虫种，常出现在海拔 1 000 m 以上的常绿阔叶林和针阔叶混交林中，其不被花粉所诱，多在平坦开阔的地方，阳光充足、晴朗天气中活动，活动时间短，连续两年均在同一处发现其成虫活动（见图 5-4）。活动时不超过 1h，不活动时多藏匿于隐蔽处，飞翔线路固定且快速，极少盘旋，由于林密树茂，很不易捕捉。刚羽化出来的成虫在蛹壳上停息，或者爬到附近的枝条上停息，经数小时翅干后起飞（见图 5-5）。

图 5-4　金斑喙凤蝶成虫访花　　　　　　　图 5-5　金斑喙凤蝶成虫憩息

5.1.3　致危因素

① 生境破坏、质量下降等：如人为砍伐、人工林替换原始林、林下层垦殖等；位于这些破碎生境的金斑喙凤蝶正遭遇种群下降，甚至已经局部灭绝。

② 自身生物学限制：如飞翔能力弱，迁徙能力差；雌雄比例严重失调；雌蝶产卵量少，卵的隐蔽性较差；幼虫成活率低，且寄生植物单一性。

③ 非法采集。

5.1.4　保护措施

已采取的保护措施有：

① 将金斑喙凤蝶列入了国家保护动物相关名录，通过国家法规政策进行保护。

② 开展了金斑喙凤蝶的资源调查、生物学、形态学、保护生物学、行为特征、对生境的适应性及人工养殖技术等研究，为金斑喙凤蝶的保护提供理论基础。

③ 建立了保护区对其进行保护，如广西大瑶山国家级自然保护区和福建武夷山国家级自然保护区。

针对当前金斑喙凤蝶的保护现状，建议采取以下保护措施：

① 加强栖息地保护。栖息地在该蝶生活中发挥着举足轻重的作用，其质量好坏直接影响该蝶的分布数量和存活。

② 加强基础研究。继续进行该蝶的本底调查和详尽的生态生物学研究，特别需要关注金斑喙凤蝶的种群结构及数量波动、繁殖生物学和栖息地变化等问题，研究如何运用生命表方法对金斑喙凤蝶的种群生存力分析；研究如何有效保护金斑喙凤蝶生境的策略，尤其是要研究如何保护那些未被保护或位于保护区外围生境的策略。

③ 加强法制宣传和执法力度。加强宣传教育，使当地民众了解金斑喙凤蝶的法律保护地位，并引导他们加入到保护该蝶的行列中来。同时完善自然保护区的机构建设，加大保护区的执法力度，坚决制止各种非法捕猎行为。

④ 加强技术和经验的交流。加强金斑喙凤蝶研究和繁育单位之间的交流与合作，积极探索该蝶救护繁殖的关键技术。

⑤ 加强对保护区工作人员的培训。对自然保护区的科研和保护人员进行定期培训，培养金斑喙凤蝶保护专业人才。

5.2　喙　凤　蝶

喙凤蝶 *Teinopalpus imperialis* Hope 隶属凤蝶科喙凤蝶属，国内分布于四川、云南、广西，国外分布于锡金、缅甸、尼泊尔、不丹。其寄主植物为木兰科的滇藏木兰 *Magnolia campbellii*。喙凤蝶是国家林业局第 7 号令《国家保护的有益的或者有重要经济、科学研究价值的陆生野生动物名录》和《濒危野生动植物种国际贸易公约》中列入的蝴蝶种类。

5.2.1　形态特征

成虫：翅展 80～100 mm。身体、翅面大部分翠绿色，雌雄异型。雄蝶前翅基半部色深，以外侧黄绿色而内侧黑色的横纹分界；端半部隐现 2 条黑色的宽横带；外缘有 2 条平行的黑色横线。后翅中域有 1 块金黄色弧形大斑；外缘齿状，有新月形黄斑。反面前翅基部翠绿色；端半部红棕色，其中部有 2 条前细后粗的黑色横带；外缘有 2 条平行而又靠得非常近的黑线。雌蝶后翅正面的金黄色大斑不明显，外缘的齿突增长，部分呈尾突状；尾突细长，端部黄色（见图 5-6）。

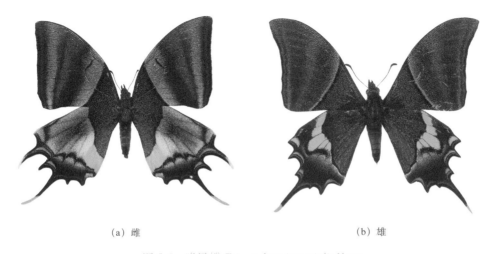

（a）雌　　　　　　　　　　　　　　　　（b）雄

图 5-6　喙凤蝶 *Teinopalpus imperialis* Hope

卵：略呈球形，底面浅凹。红紫色，具弱光泽。直径约 1.90 mm，高约 1.52 mm。

幼虫：1 龄幼虫头宽 1.07 mm，头部暗褐色泛黄光泽，生黑色原始型毛，但数量较多，两侧中部排成直线的 3 根毛是本种的鉴别特征。前胸盾褐色，两侧各有 1 个瘤突，突上生 7 根向前弯的褐色长毛。身体暗褐色，有 1 条白色纵带从第 3 腹节的基线延伸到第 4 腹节的后缘，然后在背面相接。第 5 腹节白色，散生暗褐色斑点。第 6 腹节白色区大大减少，仅在气门与基线之间保留。中胸至第 9 腹节每节各有 1 对暗褐色的长背毛和 1 根亚背毛。肛上板褐色，有 16 根末端白色的褐色长毛。胸足暗褐色，腹足白色。2 龄幼虫头宽 1.69 mm。3 龄幼虫头宽 2.52 mm。4 龄幼虫头宽 3.67 mm。5 龄幼虫头宽 5.59 mm，头部淡绿色，有橘黄色光泽。臭角橘黄色，向内弯曲。身体暗绿色，向下则偏黄色。气门线上有断续的短黑线。前胸盾暗绿色，有大小不一、形状不同的黑点及不显著的半球形小瘤突。后胸亚背部的卵形眼斑鲜赤褐色，周围具白紫色及黑色的边框。眼斑之间有 2 个具粗黑边的蓝斑；第 1～8 腹节相应位置上的蓝斑颜色较淡，黑边较细。肛上板绿色，长梯形。老熟幼虫体长约 63 mm。

蛹：鲜绿色，半透明，扁而宽，背面观几乎呈菱形。头部突出，光滑，但有侧脊。没有发现褐色蛹。中胸有 1 个明显的绿色背角。第 2～5 腹节沿气门线强烈向两侧扩张。第 5～7 腹节有瘤突。从中胸背角顶端到腹末的背面有 1 条宽的黄色纵带。体长 39.7～40.1 mm。

5.2.2　生活习性

生物学：成虫栖居于山林地带，主要活动在阔叶常绿林带，在阴天或雾天以后翅腹面的保护色隐匿于低矮的灌木林之中（见图 5-7）。成虫飞翔力强而速度快，不容易捕捉。卵产在寄主植物叶的中脉上，卵期约 15 d。孵化后的幼虫移到嫩叶上取食。老熟幼虫在小枝上化蛹。

图 5-7　喙凤蝶成虫憩息

5.2.3　致危因素

① 栖息地破坏：人工林替换原始林、林下层垦殖等。

② 自身生物学限制：如雌蝶产卵量少，卵的隐蔽性较差；寄生植物单一，幼虫成活率低等。

③ 非法采集。

5.2.4　保护措施

① 将喙凤蝶列入了国家保护动物相关名录，通过国家法规政策保护。

② 开展喙凤蝶的本底资源调查和生物学、形态学、行为学等研究，为喙凤蝶的保护提供理论基础。

③ 加强喙凤蝶的保护宣传，禁止乱捕滥猎。

④ 强化喙凤蝶栖息地保护。

5.3　中华虎凤蝶

中华虎凤蝶 *Luehdorfia chinensis* Leech 属凤蝶科虎凤蝶属 *Luehdorfia*，分布在我国江苏、浙江、湖北、河南、陕西、湖南等省，是列入《国家重点保护野生动物名录》的国家 II 级保护的物种，也是国家林业局第 7 号令《国家保护的有益的或者有重要经济、科学研究价值的陆生野生动物名录》中列入的蝴蝶种类。中华虎凤蝶寄主植物是杜衡和细辛；在人工饲养条件下，中华虎凤蝶也取食尾花细辛 *Asarum caudigerum* 和福建细辛 *A. fukienense*。

5.3.1　形态特征

成虫：体长 15～18 mm，翅展 45～55 mm，体黑色，背腹密生黄毛或棕色毛。翅底黄色，前翅表具长短纵黑纹 8 条，黄黑相嵌，并构成 2 个黄色 "丫" 纹和 1 个黑色 "丫" 纹；后翅内缘区黑色，披淡黄长毛。前缘区有 2 条短黑纵纹。外缘区黑色，外缘波浪形，M_3 脉外凸成短尾带，黑色区的外侧有 4 个新月形黄斑，内侧有 5 个鲜红色斑，中部有 5 个椭圆形蓝色斑。翅里的斑纹与翅表相似，后翅外缘区有金黄色鳞粉（见图 5-8）。

图 5-8　中华虎凤蝶 *Luehdorfia chinensis* Leech

卵：立卵式，顶部圆滑，底部平，呈馒头形。直径（0.975±0.027）mm，高（0.762±0.041）mm。初产时淡绿色，呈珍珠般光泽，孵化前转呈黑褐色，可见卵壳内黑色虫体（见图 5-9）。

图 5-9　中华虎凤蝶蝶卵

幼虫：共 5 龄。初孵幼虫乳白色，头及前胸背板黑色，体表长有许多黑色刚毛，体长 2.0～2.3 mm，头宽 0.5～0.6 mm，2h 左右体变褐色，后又渐转黑色，脱皮前呈紫褐色。2 龄幼虫，脱皮后 46 min 左右变黑色，头部密生短黑刚毛，前胸有 3 个刚毛丛，中部的较大，中、后胸各有 2 个长条形刚毛丛。毛丛上除长有黑色刚毛外，中、后胸毛丛上还分别长有 2 根和 1 根白长刚毛。第 1～8 腹节亚背线与气门上线之间和气门下线均密生刚毛，前者各节均长有 1 根长毛，其中第 2（3）～8 节长毛白色。3～5 龄幼虫，全身黑色，3 胸节及第 1～8 腹节上有深黑嘲毛丛六行。气门黑色，长椭圆形。

蛹：长 12.5～15.5 mm，宽 7.0～8.5 mm。刚化时草绿色，后转黑褐色。体表粗糙的凹凸不平，触角外表呈细锯齿状，头端前缘有 4 枚小三角状突起，胸部远较腹部狭窄，第 1 腹节与后胸处明显缢缩，第 4 腹节最为鼓突，自此向后逐渐收缩。每 1 腹节背部通常有咖啡色矩形边的褐色内洼块 5 个，中间 1 个最大，而在第 1 腹节背面中央块的两侧各有 1 乳白色小斑。腹部末端强烈向腹面弯曲，悬垂器短而宽扁，与体中轴略成直角。前胸气门向内深陷呈鼻孔状。

5.3.2　生活习性

中华虎凤蝶在各地均1年发生1代，以蛹越夏越冬。成虫出现期因各地气温不同而有差异。浙南为2月下旬，杭州为3月上中旬，南京为3月中下旬，天目山为4月下旬至5月初，庐山为5月上旬。

在江西省九江市永修县燕山地区自然气候条件下，中华虎凤蝶1年仅发生1代，以蛹越冬，2月中旬开始结束越冬，3、4月开始进入活动盛期，5月上旬化蛹，进入休眠期；卵的孵化期为21～27 d，孵化主要集中在4～6时和11～16时这两个时段内，占一天孵化总量的74.90%；不同龄期幼虫蜕皮发生的时段略有不同，基本为凌晨和中午前后，小部分发生在中午；5龄幼虫化蛹主要发生在9～11时、15～18时和20～23时这三个时段，占一天化蛹总数的67.66%；成虫羽化主要发生在上午8～11时，占了一天羽化总数的81.52%，9～10时达到最高峰。在天气晴朗的条件下，中华虎凤蝶成虫羽化当天即可交尾，交尾主要发生在12～14时，这一时段的交尾对数占总统计数的87.42%。交尾时长（18.93±7.75）min（见图5-10）。

图5-10　中华虎凤蝶成虫交配

在燕山自然气候条件下，除预蛹期外，其他各阶段的发育历期均比在人工控温室中（20～25℃）的发育历期更长，且差异显著。在自然条件下卵期和幼虫期的平均值分别为23.12 d和46.67 d。中华虎凤蝶幼虫1至3龄有明显的群体取食性，且群体取食和取食间隔时间相对较为稳定。

5.3.3　致危因素

① 栖息地范围骤减。
② 寄主植物的人为采集与破坏。
③ 不利气候因素影响。
④ 人为过度捕捉。
⑤ 自身生物学特性限制，如繁殖力低，抗逆性弱等。

5.3.4　保护措施

已采取保护措施：
① 列入了国家保护动物相关名录，通过国家政策保护。

② 开展了生物学、人工养殖技术等研究，为中华虎凤蝶的保护提供理论基础。

③ 部分中华虎凤蝶栖息地建立了保护区，对其进行保护。

针对当前中华虎凤蝶的保护现状，建议采取以下保护措施：

① 保护现有中华虎凤蝶栖息地和寄主植物资源。

② 监控野外捕采和野生来源的标本贸易。

③ 开展中华虎凤蝶的人工繁殖研究和实践，以补充野生种群、满足市场需求、减少人为捕捉。

④ 隔离种群间实施人为个体交换，以增加中华虎凤蝶种群的遗传变异和对平衡遗传漂变的影响，但需同时注意不破坏特定地区的种群遗传特异性。

⑤ 加强法制宣传，发动群众自发保护中华虎凤蝶。

⑥ 加大中华虎凤蝶的科研力度，发展人工饲养技术，为中华虎凤蝶的保护提供理论和技术支持。

5.4　长尾虎凤蝶

长尾虎凤蝶 *Luehdorfia longicaudata* Lee 属于凤蝶科虎凤蝶属，又名太白虎凤蝶，是中国的特有种类，主要分布于陕西、四川、湖北和甘肃省东南部。太白虎凤蝶的幼虫取食马兜铃科的马蹄香 *Saruma henryi*，在饥饿或缺乏马蹄香的状态下幼虫也可以取食细辛属 *Asarum* 的植物，如白细辛 *A. sieboldii*、毛细辛 *A.caulescen*，以及马兜铃属 *Aristolochia* 的植物，并可以完成生活史。长尾虎凤蝶是国家林业局第 7 号令《国家保护的有益的或者有重要经济、科学研究价值的陆生野生动物名录》中列入的种类。

5.4.1　形态特征

成虫：体长 18.8 mm，翅展 55~60 mm，前翅淡黄色，后翅黄色，除翅外，体黑色，胸、腹部腹面被黄白色毛。前翅基部及后翅内缘密生淡黄色鳞毛，前翅上半部有 7 条黑色横带，其中基部第 1 条、2 条、4 条及外缘区的 1 条宽黑带直达后缘，且外缘宽带内嵌有 1 列黄色短条斑（外侧）和 1 条似显非显的黄色横线。后翅外缘锯齿状，在齿凹处有黄色弯月形斑纹，在弯月形斑外侧有相应的镶嵌黑色和黄白色的边；翅的上半部有 3 条黑色带，其中基部 1 条宽而斜向内缘直达亚臀角；中后区有 1 列新月形红色斑，红斑外侧有不十分明显的蓝斑列；臀角有红、蓝、黑三色组成的圆斑，尾突长约 6.5 mm，翅反面与正面相似（见图 5-11）。

卵：半圆球形，表面光滑，初产卵为淡黄色，孵化前卵壳呈白色透明状，内可看到黑色点状头壳。

(a) 正面　　　　　　　　　　　　　　　　　(b) 反面

图 5-11　长尾虎凤蝶 *Luehdorfia longicaudata* Lee

幼虫：初孵化的幼虫为灰白色，随着幼虫的成长，体色逐渐加深。

蛹：蛹为缢蛹，黑色，体面凸凹不平。

5.4.2　生活习性

长尾虎凤蝶在太白山地区 1 年发生 1 代，以蛹越冬。翌年 4 月上旬越冬蛹开始羽化，中下旬为羽化盛期，至 5 月上旬结束。4 月下旬产卵，卵历期约 10～14 d，遇到多雨或天气寒冷，卵期可延长。5 月上旬卵开始孵化，5 月上中旬为孵化盛期。幼虫共 5 龄，历期约 33 d，6 月中下旬 5 龄幼虫开始化蛹。

越冬蛹羽化时间在中午 13 时左右。初羽化的成虫展翅、排蛹便、振翅，1 h 后开始飞翔，飞翔多沿河道边缘，高度低，速度相对较慢，在沟底河道边缘寻找蜜源植物。成虫产卵时在伴有乱石堆的林间空地寻找寄主植物，找到寄主植物后将卵产于叶片背面。卵聚产，一只雌虫的最大孕卵量达 54 粒，但一个卵块中卵的数量最多有 30 粒，最少为 3 粒。卵期有天敌捕食，卵的孵化率可高达 90% 以上。

幼虫白天活动较少，多聚集于叶片背面不食不动，傍晚或夜间开始取食。取食时多数情况下会将叶片和卵壳一起吃掉，而留下较为粗大的叶脉。4～6 d 之后第一次蜕皮，3 龄以后开始分散活动。白天单独或结伴躲在寄主植物下的枯叶层中，卷曲枯叶里躲避敌害，夜间爬上寄主植物取食，3 龄后食量开始暴增。老熟幼虫在枯枝落叶下或石缝中化蛹。蛹期持续约 300 d。

5.4.3　致危因素

① 栖息地破坏：如森林砍伐、毁林开荒，使得长尾虎凤蝶生境丧失。

② 大量非法采集卵和成虫。

③ 自身生物学因素限制：如蛹期长，抗逆性差。

④ 天敌危害。

5.4.4　保护措施

已采取保护措施：

① 列入了国家保护动物相关名录，通过国家政策保护。

② 开展了生物学、人工养殖技术等研究。

针对当前长尾虎凤蝶的保护现状，建议采取以下保护措施：

① 对长尾虎凤蝶的栖息地采取适度干扰：对最适生境采取割灌、放牧、矮林作业和树冠层的管理，尤其是有长尾虎凤蝶分布的采伐迹地，需进行适当的经营管理，保持植被覆盖度在 50%～60% 为宜。

② 依托于天然林保护工程、退耕还林工程，进行生境恢复。

③ 借助于就近人工养殖，增加野外种群数量。

④ 禁止以商业为目的人为捕捉成虫、采集卵和幼虫的不法行为。

⑤ 对于以研究为目的的采集行为，需建立完善的许可机制，许可的范围和数量不致影响长尾虎凤蝶的种群生存和恢复。

5.5　虎　凤　蝶

虎凤蝶 *Luehdorfia puziloi*（Erschoff）属于凤蝶科虎凤蝶属，国内主要分布于黑龙江、吉林、辽宁，国外分布于俄罗斯、韩国、日本等。虎凤蝶寄主植物为马兜铃科细辛属的华细辛等植物。虎凤蝶是国家林业局第 7 号令《国家保护的有益的或者有重要经济、科学研究价值的陆生野生动物名录》中列入的种类。

5.5.1　形态特征

成虫：翅展 50～60 mm。体黑色而具灰黄毛。翅黄色。前翅上半部有 7 条黑色横带，其中基部第 1 条、2 条、4 条及外缘区的 1 条宽黑带直达后缘，且外缘宽带内嵌有 1 列黄色短条斑（外侧）和 1 条似显非显的黄色横线（内侧）。后翅外缘锯齿状，在齿凹处有黄色弯月形斑纹，在弯月形斑外侧有相应的镶嵌黑色和黄白色的边；翅的上半部有 3 条黑色带，其中基部 1 条宽而斜向内缘直达亚臀角；中后区有 1 列不太显著的新月形红色斑，红斑外侧有不十分明显的蓝斑列；臀角有红、蓝、黑三色组成的圆斑。尾突较短。翅反面色淡，斑纹宽而清楚。后翅中后区的红色浓而清楚，外缘随波有黄

图 5-12　虎凤蝶 *Luehdorfia puziloi* (Erschoff)

色月牙形斑纹，内侧镶有黑色边，再向内有橙黄色长方形斑（见图 5-12）。

卵：球形，表面光滑，淡绿色，有明显的珍珠光泽。直径 1.02～1.05 mm，高 0.82～0.85 mm。

幼虫：1 龄幼虫头部黑褐色有光泽，上生黑色长毛。前胸背板黑褐色，具弱的光泽，两侧有 5 对黑色长毛，其中中部的毛最长。刚孵化的幼虫黑褐色，取食后转为褐色半透明。中胸亚背线上的毛特别长，其末端无色。后胸及第 8、9 腹节亚背线上的毛比其他体节上的毛长。肛上板黑褐色有光泽，具 10 对黑毛。老熟幼虫头宽约 2.80 mm。身体黑褐色，前胸及第 1～8 腹节气门下各有 1 个鲜黄色的圆斑。

蛹：体长约 18 mm。头部有 1 对小突起，该突起内侧有 1 对更小的隆起，上生极短的黑毛。翅基部的隆起形成钝角形突起。第 4 腹节以后的各腹节的气门下线上有 1 个生短毛的瘤突。身体黑褐色有弱光泽，各隆起部分呈黄褐色。体表多覆盖有污黄色物质。

5.5.2　生活习性

一年发生 1 代，以蛹越冬。成虫 5～6 月出现在山区路旁的花丛中。卵大多 10 粒左右平产于寄主植物的叶背面。4 龄幼虫开始扩散，最远可达 500 m，一生可吃掉 6 片左右细辛叶。卵期约 7 d，幼虫期约 19 d，蛹期长达 10 个月，几乎跨过四季。

5.5.3　致危因素

① 栖息地退化或丧失。

② 寄主植物破坏。

③ 人为过度采集。

5.5.4　保护措施

① 将虎凤蝶列入国家保护动物相关名录，通过国家法规政策保护。

② 开展虎凤蝶的资源调查、生物学、形态学、行为特征等研究，为虎凤蝶的保护提供理论基础。

③ 加强虎凤蝶的栖息地保护。

④ 开展虎凤蝶的人工繁殖研究和实践，增加野生种群数量，减少市场需求压力。

5.6　裳　凤　蝶

裳凤蝶 *Troides helena*（Linnaeus）属凤蝶科裳凤蝶属 *Troides*，国内分布于海南、广东、香港、云南等地，国外分布于印度、不丹、斯里兰卡、越南、缅甸、马来西亚、印度尼西亚、巴布亚新几内亚等国家，寄主植物为马兜铃科的耳叶马兜铃 *Aristolochia tagala* Champ.。裳凤蝶是国家林业局第 7 号令《国家保护的有益的或者有重要经济、科学研究价值的陆生野生动物名录》中列入的种类，在生态观赏和工艺制作中具有较高的利用价值。

5.6.1　形态特征

成虫：头部黑色，背部斑纹黄黑相间，腹面黄色。雄蝶翅展 110～130 mm，前翅面有黑色丝绒光泽，脉边有灰白色放射纹；后翅金黄色，外缘有连接的三角形黑斑，臀角有黑斑 1 个，亚缘黑斑 2～4 个。裳凤蝶和金裳凤蝶的形态与大小相似，但裳凤蝶后翅亚缘无黑斑，可区别。雌蝶大于雄蝶，翅展 120～140 mm，前翅面与雄蝶相似，但 1 列黑色亚缘斑较大，斑与斑之间几乎相连接。后翅亚缘金黄色斑与黑色斑界限清晰，而金裳凤蝶则界限模糊（见图 5-13）。

(a) 雌　　　　　　　　　　　　　　(b) 雄

图 5-13　裳凤蝶 *Troides helena* (Linnaeus)

卵：圆球形，高 1.95～2.18 mm，直径 2.20～2.40 mm，表面光滑。刚产时卵橘红色，表面有暗红色黏液，1 d 后由橘红色渐变成棕褐色，近孵化时黑褐色并于卵中心出现黑点。卵壳较坚硬，不易破碎。

幼虫：1 龄幼虫头壳宽约 0.55 mm，体长约 8 mm。棕褐色，体表多棘，棘端部有细毛。中胸、腹部第 4、7～9 棘黄色；2 龄幼虫头壳宽约 1.13 mm，体长 11 mm。棕红色，体表棘呈肉刺状；3龄幼虫头壳宽1.88 mm，体长16 mm。棕黑色，第3、4腹足基部及其肉刺白色，形成1条十分显目的白色斜线，其余肉刺灰褐色，上端暗红色；4龄幼虫头壳宽约3.43 mm，体长约35 mm。棕褐色，肉刺红棕色，中胸至第1腹节肉刺8列，第2～9腹节肉刺6列。第3、4腹足基部及其白色肉刺加宽成白色斜带。5龄幼虫头壳宽约5.57 mm，体长约60 mm。灰褐色，亚背线上的肉刺每根长约6 mm，其端部呈肉红色，第3～4腹节的肉刺由白色渐变成肉红色。

蛹：长约5 mm，宽约2.5 mm。缢蛹，胸腹部背面凹陷，凹陷处两侧向外呈耳状突出，侧面看呈"S"形，表面有叶脉状纹理，分浅叶绿色和枯黄色两种颜色，其中，浅绿色型胸腹部背面有飞鸟状黄绿色大斑，腹部腹面浅金黄色；枯黄型胸腹部背面的飞鸟状大斑棕褐色，腹部腹面浅金黄色；背中线第1、2、3腹节外侧各有1对锥形肉刺，2个在胸部，4个在腹部。

5.6.2　生活习性

裳凤蝶在海南儋州1年发生6代，无越冬、越夏现象，世代重叠，全年均可见该虫的各虫态出现。各世代历期长短与气温有关，从11月到次年3月气温较低在近5个月中只有两代，而在5～7月气温较高1代只需50 d。

成虫上午6～12时羽化，8～10时为盛期。羽化前2 h，可从蛹壳的腹部看到成虫的腹节黑色及腹节黄色。自蛹壳开始裂开到成虫羽化需20 min，刚羽化时翅小，柔软。羽化出的初成虫一般爬到高处，用足抓紧树枝，喙不断伸直、弯曲、翅逐渐展开，这一过程约需30～60 min。然后，翅不断抖动并爬行。两翅在背后合并时，腹部弯曲成钩状，并排出大量黄褐色体液。体液大量排出3～4次后，即可飞翔。从羽化至飞翔这一阶段历时1.5～2.5 h。羽化当日即可吸食花蜜（见图5-14）。在晴天有微风的情况下成虫活动性强，在高空一般滑翔飞行，振翅次数少，追逐时振翅次数为每秒4～8次。羽化后1～2 d即可交尾，棚内观察交尾雨后天晴17～19时，交尾时间达1～2 h。田间为晴天上午10～13时。交尾前，雌雄蝶在花间、林间追逐飞行，后停于高大乔木叶上交尾。交尾后1～2 d即可开始产卵，产卵期为2～4 d，卵散产于寄主叶片、嫩茎上，也产在寄主植物缠绕的物体上，雌蝶产卵时腹部弯曲成钩状，每次可产8～22粒。室内所得30头成虫中，雌性占42.5%。

图5-14　裳凤蝶成虫访花

5.6.3 致危因素

① 天敌危害。

② 春季及台风季节降雨影响。

③ 过度采集。

④ 栖息地破坏。

5.6.4 保护措施

① 列入国家保护动物相关名录，通过国家政策保护。

② 开展本底调查和基础研究，为裳凤蝶的保护提供理论基础。

③ 进行人工养殖，抑制对野外裳凤蝶的捕捉。

④ 加强裳凤蝶的栖息地保护。

5.7　金　裳　凤　蝶

金裳凤蝶 *Troides aeacus*（Felder & Felder）属凤蝶科裳凤蝶属，国内分布于重庆、四川、云南、陕西、江西、海南、浙江、福建、广东、广西、西藏、台湾等地，国外分布于泰国、越南、不丹、缅甸、印度、斯里兰卡、马来西亚等国，寄主植物为马兜铃科的港口马兜铃 *Aristolochia zollingeriana* 等。金裳凤蝶是国家林业局 7 号令《国家保护的有益的或者有重要经济、科学研究价值的陆生野生动物名录》中列入的种类。

5.7.1 形态特征

成虫：翅展 146~160 mm，体翅黑色，颈和胸侧有红色毛，腹部腹面和侧面大部分金黄色。前翅各脉两侧苍灰白色，后翅中部金黄色，脉纹黑色。雄后翅金黄色宽阔，雌后翅中室外各室具圆锥形黑斑 1 枚（见图 5-15）。

（a）雌　　　　　　　　　　（b）雄

图 5-15　金裳凤蝶 *Troides aeacus*（Felder & Felder）

卵：圆球形初产时粉红色，后渐变黄绿色，将近孵化时为灰白色。

幼虫：初龄幼虫紫黑色，老熟幼虫体大，长 75 mm。体长有大型肉刺，顶端紫红色，胸部至前腹两侧各有一条横白带。前胸无臭角。

蛹：缢蛹，钝形，长 50 mm。头、胸腹面有 2 对突出小刺，腹部末端有 3 对突出小钩刺。

5.7.2　生活习性

在江西省婺源县，1 年发生 2 代，以蛹越冬。翌年 4 月底开始羽化，5 月上旬为羽化盛期。第 1 代 5 月中旬至 8 月中旬，第 2 代 7 月下旬至翌年 5 月中旬。成虫羽化后静伏不动，经 0.5h 后开始飞翔（见图 5-16）。一般在上午 7 时左右和下午 16 时后开始访花采蜜，喜在颜色较为鲜艳的花上飞翔，飞行较低；上午 9 时至下午 16 时（中午除外）飞行较高：中午飞到丛林山谷避暑纳凉。有时沿村庄外围、山间小径和刚砍伐的林地飞行，受惊即加速腾空而去（见图 5-17）。飞翔 7～10 d 后开始交尾、产卵。越冬蛹羽化的成虫期短，约 20 d。雌蝶产卵通常在下午 17～18 时，散产于未受污染的马兜铃嫩叶的叶背前半部或叶尖上。一次 1 粒，个别 3 粒。卵经 15～20 d 孵化出幼虫。幼虫期 15～20 d，共 5 龄。初孵幼虫先食卵壳，后食嫩叶。老熟幼虫爬动半天后，常在马兜铃等植物的枝梗上，头朝上尾朝下化蛹。蛹期 20 d 左右。

图 5-16　金裳凤蝶成虫羽化

图 5-17　金裳凤蝶成虫访花

5.7.3　致危因素

① 栖息地破坏：如森林砍伐、毁林开荒等。
② 寄主植物被采挖。
③ 春季及台风季节降雨影响。
④ 寄生性昆虫、细菌影响。
⑤ 过度采集和商业利用。

5.7.4　保护措施

① 列入国家保护动物相关名录，通过国家政策保护。

② 开展金裳凤蝶的资源调查、生物学、形态学、行为学等研究，为其保护提供理论依据。

③ 加强金裳凤蝶的栖息地保护。

④ 开展金裳凤蝶的人工繁殖研究和实践，增加野生种群数量，抑制对野外金裳凤蝶的人为过度捕捉。

5.8　二尾凤蝶

二尾凤蝶 *Bhutanitis mansfieldi* Riley 属凤蝶科尾凤蝶属 *Bhutanitis*，是中国特有种，分布于四川、云南，寄主植物为马兜铃科马兜铃属植物。二尾凤蝶是《国家重点保护野生动物名录》列入的国家 II 级保护动物，也是国家林业局第 7 号令《国家保护的有益的或者有重要经济、科学研究价值的陆生野生动物名录》和《濒危野生动植物种国际贸易公约》（CITES）附录中列入的蝴蝶种类。

5.8.1　形态特征

成虫：翅展 65～77 mm。翅黑褐色，前翅上半部有 6 条黄色或黄白色的斜横带，从基部数第 1 条、2 条到后缘，4 条和 5 条在中间合并后到后缘，亚外缘区有 1 条从前缘直达后缘，使翅面黄白色与黑底色的比例几乎相等。后翅黄色斑纹比较散乱，亚基区有 1 条斜横带，中区上半部有 2～3 条带，下半部有 1 条曲折的黄带和 1 条红带达后缘，外缘区有 1 列黄色斑纹；外缘钝齿状；尾突 2 枚，长者末端膨大呈锤状；臀角有 1 枚拇指状突起。翅反面除脉纹和脉间纹很清晰外，其余与正面相似（见图 5-18）。

图 5-18　二尾凤蝶 *Bhutanitis mansfieldi* Riley

卵：卵橙黄色，1.4 mm。

5.8.2　生活习性

一年发生 1 代，成虫多栖息于海拔 2 000 m 以上气候温和、冬季干旱晴朗、夏季较为潮湿的高山峡谷林地中。成虫可产卵在叶背及叶柄上，同时也能产卵在枝梢上；卵期约 2 周；1 龄幼虫在睡眠时重叠在一起。

5.8.3　致危因素

① 栖息地退化或丧失。

② 环境变化。

③ 过度采集。

5.8.4　保护措施

① 列入国家保护动物相关名录，通过国家政策保护。

② 建议将其重要栖息地建为自然保护区。

③ 开展二尾凤蝶本底资源调查和生态、生物学方面的基础研究，为其保护提供科学依据。

④ 开展二尾凤蝶的人工养殖，增加其野生种群数量。

⑤ 严禁商业性捕捉与采集。

5.9　三 尾 凤 蝶

三尾凤蝶 *Bhutanitis thaidina*（Blanchard）属凤蝶科尾凤蝶属，是中国特有种，分布于甘肃、陕西、四川、云南、西藏等地，寄主植物为马兜铃科的宝兴马兜铃 *Aristolochia moupinensis* Franch.。三尾凤蝶是《国家重点保护野生动物名录》列入的国家 II 级保护蝶种，也是国家林业局第 7 号令《国家保护的有益的或者有重要经济、科学研究价值的陆生野生动物名录》和《濒危野生动植物种国际贸易公约》（CITES）附录中列入的蝴蝶种类，《受威胁的世界凤蝶》一书将它列为 R 级（表示个体数量甚少）。

5.9.1　形态特征

成虫：中型蝴蝶，翅展 86～92 mm，身体黑色，腹面有白色绒毛。翅黑色。前翅顶角外缘圆形；R_1 脉与 R_2 脉分离，R_2 脉与 R_{4+5} 脉共柄，M_1 脉与 R_5 脉基部出自上角同一点，中室端脉凹入，有横脉痕迹；有 8 条黄色横带，从基部数，第 1 条、2 条、4 条、8 条到后缘，第 6 条、7 条在中部合并后到后缘，第 7 条上半部不十分明显。后翅外缘有齿。M_3 脉、Cu_2 脉和 Cu_1 脉上，共形成 3 支尾突，其中较长者端部膨大；上半部有 3～4 条黄色斜横带，近基部 1 条到中室恰好与 Cu_2 脉并连走向近臀角的红色横斑；红斑下面有 3 个蓝斑，外缘有 4～5 个斑，其中有的呈弯月形；外缘波状。翅腹面脉纹及脉间纹十分清晰，其余与背面相似。体被粗毛。触角短，端部的节呈锯齿状（见图 5-19）。

卵：球状，光滑型，乳白色，型小，直径达 1.05 mm。表面的精孔狭小，精孔内侧的侧枝短而直。

幼虫：初孵幼虫为乳白色，体长约 2.5 mm。随着成长，淡黄色瘤状突起逐渐明显，而且体色的灰色也随之变浓，4 龄虫的棘状突起细长，从橙色变为红色，体色为灰褐色，背线明显，细而浓，5 龄虫的体长为约 34 mm，体色为黑褐色，背线清晰。

图 5-19 三尾凤蝶 *Bhutanitis thaidina*（Blanchard）

蛹：体长约 25 mm，中胸部最大幅度约 7 mm，尾端方向变细，腹部第 5～7 节的各节背面及侧面各有 1 对尖状突起。体色为褐色，后胸部背面的两侧各有 1 个乳白色圆形斑纹，在背面宽的部位有乳白色的楔子状的长形斑纹，直达尾端。

5.9.2 生活习性

三尾凤蝶一般栖息在亚高山地带（1 500～2 500 m）灌丛地带。1 化性，1 年发生 1 代。蛹越冬，每年 4～5 月出现成虫，6 月中旬消失。5 月上中旬可见到卵。卵散产于寄主嫩叶上，卵期约 7 d。幼虫具有群居性，不食其蜕皮壳，也不吐丝。化蛹模式：胸悬型，成熟幼虫即使到化蛹前也不吐丝。将地表的枯叶卷起，在枯叶上蜕皮化蛹，该特性与其他近缘种完全不同。成虫飞行能力差（见图 5-20）。雄性有吸水习性，并喜在树冠性频繁飞行。

图 5-20 三尾凤蝶成虫憩息

5.9.3 致危因素

① 栖息地生境破碎化。
② 栖息地植被和寄主植物被破坏。
③ 气候变暖。
④ 人为捕捉。

5.9.4　保护措施

已采取措施：

① 已列入国家保护蝶类名录。

② 对三尾凤蝶的生物学特性、分布现状、濒危原因等进行了初步研究。

针对当前三尾凤蝶的保护现状，建议采取以下保护措施。

① 就地保护：在栖息地大量种植寄主植物宝兴马兜铃，并在当地进行三尾凤蝶人工养殖，放归野外，增加野生种群数量。

② 迁地保护：在原栖息地生态环境相近地区建立人工保护基地，种植寄主植物宝兴马兜铃对三尾凤蝶进行迁地保护。

③ 加强监管：杜绝野外非法捕采和野生三尾凤蝶的标本贸易，禁止对寄主植物宝兴马兜铃的采挖。

④ 建立和保护栖息地或斑块间的廊道，加强种群间的基因交流。

5.10　玉龙尾凤蝶

玉龙尾凤蝶 *Bhutanitis yulongensis* Chou 属凤蝶科尾凤蝶属，仅分布于云南和四川，寄主植物为宝兴马兜铃。玉龙尾凤蝶被列入《濒危野生动植物种国际贸易公约》(CITES)限制贸易名单，也是国家林业局第 7 号令《国家保护的有益的或者有重要经济、科学研究价值的陆生野生动物名录》中列入的蝴蝶种类。

5.10.1　形态特征

成虫：翅展 75～81 mm。体黑色，腹面有白色绒毛。翅黑色。前翅有 8 条黄白色横带。第 2 条斜带近后缘向外弯曲，与第 4 条相接触；第 6 条前半段明显分叉。后翅黄白色，带纹与红斑很宽且特别鲜艳，所有这些带纹在中室端部互相交错成网纹状，红斑后有 3 个蓝白色斑，外缘斑橘黄色。翅反面脉纹及脉间纹十分清晰，其余与正面相似。雌雄成虫 3 条黑色尾突明显，M_3 脉、Cu_1 脉和 Cu_2 脉尾突长分别约为 19 mm、19 mm，10 mm、8 mm 和 4 mm、4 mm。M_3 脉尾突纹顶部彭大，其上有一黄白纵纹（见图 5-21）。

图 5-21　玉龙尾凤蝶 *Bhutanitis yulongensis* Chou

卵：直径约 11 mm，近圆形，草绿或浅黄绿色，孵前颜色加深，呈黑褐色。

幼虫：头黑色，臭腺橘黄色；体深黑、灰黑色或灰白色，1～5 龄颜色相近；背中线黑色，左右两侧各有一列肉刺，肉刺顶黑褐色，着生黑色直立刚毛，其余大部玫瑰红色；低龄幼虫肉刺顶为橘黄色，其余相同；腹部侧面各有 2 列肉刺，颜色同背部刺列，仅腹部下缘近头部 2 刺黑褐色较多，超过刺中部，仅基部玫瑰红色，每一刺列均由 11 个肉刺组成，大小相近；1 龄体长约 5～8 mm，宽约 1～15 mm；2 龄体长约 15～18 mm；3 龄虫体长约 25～35 mm，宽约 5～7 mm；4 龄幼虫体长约 38～45 mm，宽约 7～9 mm；5 龄幼虫长约 45～48 mm，宽约 8～10 mm。

蛹：拟态性较强，似枯枝，头顶呈不规则略斜切面，蛹略成倒梯形（头顶宽，尾部窄）；背部褐色，颜色深浅与化蛹环境有关，并间有较深色纵纹，腹面大部分白色，白色部分为箭形，箭头顶部两侧各有一白色不规则白色斑，胸部及头部与背部颜色相同；白色箭杆左右两侧各有 2 列玫瑰色小突起，外面一列 4 个，内列近白色箭杆 3 个。蛹上部（头部）宽约 6 mm，下部（尾部）宽约 2 mm，蛹长约 27 mm。

5.10.2　生活习性

在云南省玉龙县 1 年 1 代，以蛹滞育越冬。人工养殖成虫 4 月中旬开始出现，野外略晚，5 月初至 6 月中旬出现，成虫每年出现时间受气温和湿度影响，略前或略后。卵期 7～10 d，幼虫期约 50 d，1～4 龄每龄龄期相近，均约为 7～10 d，与取食有关，5 龄较长达 11 d（其中预蛹约 2 d），蛹期较长，约为 270 d。

成虫羽化时间一般集中在中午 12:00～14:00。羽化时，蛹先从头部裂开，成虫从蛹壳中慢慢爬出，然后爬向附近翅膀向下倒挂，刚羽化成虫翅膀柔软，约 1h 后翅膀完全展开变硬，并开始飞翔。成虫喜食蜂蜜。野外常在山谷中缓慢飞行，访问杜鹃花等蜜源植物，中午时常在水边饮水。

卵散产，常产于叶背面，卵间距离较近，常呈条块状集中，4～27 粒。

初孵幼虫，常停留在卵壳边，取食壳完后离开；幼虫 5 龄，每龄幼虫蜕皮时间大都集中在 14:00 左右，蜕皮时，头部先裂开，幼虫从老皮中慢慢爬出，每蜕一次皮约需 30 min，蜕完皮后幼虫停留在所蜕皮旁，并将其取食；在玉龙雪山新尚村，幼虫以宝兴马兜铃为食，喜取食较嫩叶片，取食后常停留在叶背面休息；幼虫取食主要集中在两个时间段，即上午 9:00～11:00 和下午 13:00～17:00，取食量按寄主叶子面积算，1 龄、2 龄、3 龄、4 龄、5 龄幼虫每天分别取食约 1 cm²、6 cm²、25 cm²、36 cm²、41 cm²；5 龄老熟幼虫常寻找隐蔽地方化蛹，蛹褐色，颜色深浅与环境一致，拟态极好。

5.10.3　致危因素

① 气候变化。

② 栖息地破坏。

③ 寄主植物减少。

④ 人为过度采集。

5.10.4　保护措施

① 列入国家颁布的相关保护动物名录，依靠法律和政策保护。

② 开展对玉龙尾凤蝶的本底资源调查和相关基础研究，为其保护提供科学依据。

③ 进行玉龙尾凤蝶的人工养殖研究和实践，增加其野生种群数量，抑制非法采集。

④ 加强玉龙尾凤蝶的栖息地保护。

5.11　多 尾 凤 蝶

多尾凤蝶 *Bhutanitis lidderdalii* Atkinson 属凤蝶科尾凤蝶属，国内分布于云南和四川，国外分布于印度、缅甸、不丹、泰国。寄主植物为马兜铃属的马兜铃、北马兜铃 *Aristolochia contorta* 等植物。多尾凤蝶被列入《濒危野生动植物种国际贸易公约》(CITES)限制贸易名单，也是国家林业局第 7 号令《国家保护的有益的或者有重要经济、科学研究价值的陆生野生动物名录》中列入的蝴蝶种类。

5.11.1　形态特征

成虫：翅展 90～100 mm。体、翅黑褐色。前翅特别狭长，有 7 条明显的淡黄白色细纹，多呈波状，其中 5 条达到后缘，第 3 条、第 4 条和第 5 条、第 6 条在中间弯曲后合二为一到达后缘，在第 6 条和第 7 条间的上半部还有一条十分清晰的斑纹。后翅基部很窄，无肩角；从基部伸出 2 条纵细纹，从前缘发出大约有 6 条斑纹；外缘区有弯月形斑纹，臀区有大圆形深红色斑，中间有近似椭圆形的大黑斑，黑斑中间又有 2 枚带有白斑点的蓝斑；外缘有 3 支长的尾状突和 2 支短的尾状突。上述特征是和三尾凤蝶的主要区别。翅反面与正面花纹相似，但色调较淡（见图 5-22）。

卵：橙黄色，1.5 mm。

5.11.2　生活习性

成虫产卵在叶背面，卵期约 4 周（见图 5-23）；1 龄幼虫无堆叠；1 代可跨 2 年，常在树枝上化蛹，缢蛹。成虫喜欢在晴朗的中午于树梢上高飞（见图 5-24）。

（a）正面　　　　　　　　　　　　　　　　　（b）反面

图 5-22　多尾凤蝶 *Bhutanitis lidderdalii* Atkinson

图 5-23　多尾凤蝶成虫产卵

图 5-24　多尾凤蝶成虫访花

5.11.3　致危因素

① 栖息地锐减。

② 大量采挖寄主植物。

③ 非法采集和商业利用。

④ 旅游开发等人为活动干扰。

5.11.4　保护措施

① 列入了国家颁布的相关保护动物名录，依法保护。

② 开展多尾凤蝶本地资源调查和相关科学研究，为保护提供依据。

③ 加强多尾凤蝶的栖息地保护。

④ 禁止非法采集。

5.12　宽　尾　凤　蝶

宽尾凤蝶 *Agehana elwesi*（Leech）属凤蝶科宽尾凤蝶属 *Agehana*，是中国特有种，主要分布于北京、陕西、四川、江西、浙江、安徽、湖南、福建、贵州、广东、广西、云南等地，寄主植物主要为樟科 Lauraceae 檫木 *Sassafras tzumu* Hemsl. 和木兰科 Magnoliaceae 鹅掌楸 *Liriodendron chinense*（Hemsl.）Sargent.。国家林业局第 7 号令《国家保护的有益的或者有重要经济、科学研究价值的陆生野生动物名录》，将其列为国家保护蝶种。

5.12.1　形态特征

成虫：雄蝶体长 38.5～58.9 mm，翅展 90.2～132.8 mm；雌蝶体长 40.2～61.3 mm，翅展 106.5～151.3 mm；头黑色；触角球杆状，黑色；复眼大、浅褐色；体翅黑色；胸部密披黑色绒毛；前翅近三角形狭长外缘呈深黑色宽带，后翅狭三角形，外缘内凹，自前缘部至中室区呈褐色，其余部分深黑色，后翅外缘波浪状在第 2 至第 8 翅室外缘区有血红色新月形斑纹并有白色眉线，臂角有一血红色环斑；尾突宽阔，长达 18.8～26.3 mm，宽 13.2～15.2 mm，第 3、第 4 翅脉伸达，后缘具黑色长缘毛（见图 5-25）。

图 5-25　宽尾凤蝶 *Agehana elwesi* (Leech)

卵：浅绿色，呈球形，直径 2.0 mm，表面光滑无毛。

幼虫：典型的鳞翅类幼虫，体无明显的毛状物，较光洁。气门线不明显，背板扩张，侧板较萎缩，身体颜色较深，不透明。

蛹：大型缢蛹，纺锤形，枯枝状，褐色，长 65.0 mm，宽 22.5 mm，高 18.5 mm。吐丝作尾垫，暗黑色丝带环绕胸腹交界处。头部前端两侧向前突出，呈角状。背面褐色不透明；胸腹交界处明显；胸背板呈平截状于腹背板、头部之间，似折断的枯树枝；中胸背板呈尖棱形角状突起，伴有零散的小突起；后胸背板宽大，上具明显的直条形斑纹；腹背板明显分节，上具不规则的瘤状突起。腹板白色，夹杂黑色斑纹，分节清晰可见；翅芽和喙伸达第 4 腹节端部，触角伸达第 4 腹节中部；前中足明显可见，后足和各体节气门几乎不可见。腹部末端尖削，四棱形。羽化前外观几乎不可见翅面斑纹颜色；眼点黑色，清晰可辨。

5.12.2　生活习性

在广州地区，宽尾凤蝶卵期约为 7 d，1 龄历期约为 5 d，2 龄 6～7 d，3 龄 7～8 d，4 龄 10～12 d，5 龄 13～17 d，预蛹期 2 d，蛹期 15～18 d，生命历期为 58～69 d。

宽尾凤蝶在华南地区 1 年发生 2 代，以蛹越冬。华南地区成虫主要出现于每年的 4 至 5 月和 6 月底至 8 月初，海拔 300～1 500 m 的人工林、次生林和原生林中均有分布。成虫喜欢往返飞翔于溪流或者河流上空较为空旷的地带，速度较快，单个飞翔（见图 5-26、图 5-27）。幼虫活动于檫树和鹅掌楸中部，喜取食成长叶。卵散产于寄主植物嫩叶面的附近，每叶多为 1 粒，少数情况下 2 粒；由于颜色随寄主植物叶片生长而变化，在自然条件下，不易发现和收集。

图 5-26　宽尾凤蝶成虫访花　　　　　　　图 5-27　宽尾凤蝶成虫憩息

5.12.3　致危因素

① 栖息地退化和减少。

② 低温、冰冻、雨雪、森林火灾等自然灾害。

③ 乱砍滥伐及寄主被采伐。

④ 赤眼蜂等寄生天敌及鸟雀等捕食天敌危害。

⑤ 过度采集和商业利用。

5.12.4　保护措施

① 针对宽尾凤蝶的保育与物种的濒危现状，研究了其幼生期形态学特征、生物学特性、生态学特性、人工养殖技术等，促进蝴蝶保育工作的开展及保护生物学的研究。

② 列入了国家颁布的相关保护动物名录。

③ 建议加强科学研究、进行可持续利用以及保持其生存力和生态系统，尤为重要的是自然栖息地的保护。

④ 加强宣传教育，禁止乱捕滥猎。

5.13　麝凤蝶

麝凤蝶 *Byasa alcinous*（Klug）属凤蝶科麝凤蝶属 *Byasa* 的一类大型蝶种，分布广泛，遍及于我国大部分地区，国外分布于日本、朝鲜半岛、越南和老挝等地。寄主植物为马兜铃科部分植物。在《中国物种红色名录》中，麝凤蝶被评估为易危蝶种。

图 5-28　麝凤蝶 *Byasa alcinous*（Klug）

5.13.1　形态特征

成虫：成虫体长约20 mm，翅展约85～120 mm，体黑色，两侧和末端有红色茸毛，翅狭长，淡黑色，翅脉和翅室间条纹黑色，前翅脉纹两侧灰色或灰褐色，中室内有4条黑褐色纵纹。后翅外缘波状有尾突，外缘区及臀角有4～5个红色半月形大斑，雌雄异型，雌蝶个体较雄蝶个体大（见图5-28）。

卵：初产乳白色，逐渐变黄色、深黄色。呈馒头型，顶部有一小突起，围绕其四周有19～22条不等的纵脊。卵的直径约1.5 mm，高约1 mm。

幼虫：初孵幼虫头黑色，体红褐色，体上有毛优和黑色长毛。体长约3 mm，头宽约0.6 mm。老熟幼虫体长可达35 mm。头、体黑色。头发亮，有细短黑毛单眼5个围成一圈，其中1个和另外4个不在一个圆周上；体乌黑，有肉刺状突起。肉突大部分为黑红色，但第3腹节4枚、第4腹节背部2枚以及第7腹节4枚均为白色，第3节、第4节两节上的白色肉突的白色连成一片，仅第3节气门周围黑色条状。肉突数目：前胸4枚，中、后胸各6枚，第1腹节6枚，第2至第8腹节各4枚，第9至第10腹节各2枚。胸足黑色发亮，腹足及臀足暗黑色。第3腹节至第6腹节上的腹足及臀足上各有一个小肉突，第2腹节的腹面有两对小肉突。

蛹：蛹长约 25 mm，宽约 16 mm。越冬蛹多为橙色，非越冬蛹多为鲜黄色。头部两尖突平，胸背部前、后各两尖突小。腹背两侧各一排扇状小突起，腹面喙、触角翅脉纹清晰。臀棘黑色，捆绑线白色。气门褐色。

5.13.2　生活习性

麝凤蝶在长白山区 1 年可以发生 1～3 代，每 1 代的蛹中，均有一部分越冬蛹出现，每年 5 月份气温适宜时在产地就可以看到羽化出的麝凤蝶飞舞；在浙江省，该蝶自然条件下 1 年可繁殖 3 代，以蛹越冬；麝凤蝶在泰山 1 年发生 2 代，以蛹在树枝上或灌木丛中越冬（见图 5-29）。

图 5-29　麝凤蝶成虫访花

麝凤蝶成虫喜欢明媚敞亮环境，在树林边缘、草地、耕地上低低地缓慢飞行；成虫在一个寄主叶片上产有 1 个至数个卵粒不等，卵期 5～6 d（平均气温 23.2℃）；幼虫寄主植物为马兜铃科部分植物。初孵幼虫有啃食卵壳的习性，当同一寄主叶片上有多个卵孵化出的幼虫 3 龄前有群居性，但随着成长转为单独活动。幼虫历期 17 d（平均气温 23.7℃）；非越冬蛹的蛹期因温度差异而不同，越冬蛹的蛹期有 8～10 个月（长白山地区观察结果）。

5.13.3　致危因素

① 蛹被细菌和真菌寄生。
② 过度采集和商业利用。
③ 生态环境破坏。
④ 栖息地减少。

5.13.4　保护措施

① 开展生物学特性、发育起点温度、有效积温和养殖技术等相关基础研究，为保护野外资源奠定理论基础。

② 成功开展人工养殖，分批放回自然，增加野外种群数量，并可通过大规模人工饲养来制作蝴蝶工艺品供观赏。

③ 加强宣传教育，禁止乱捕滥猎。

5.14　燕　凤　蝶

燕凤蝶 *Lamproptera curia*（Fabricius）属于凤蝶科燕凤蝶属 *Lamproptera*，国内主要分布于广东、广西、海南、云南、香港，寄主植物为莲叶桐科 Hemandiaceae 青藤属 *Illigera* Bl. 植物。燕凤蝶是国家林业局第 7 号令《国家保护的有益的或者有重要经济、科学研究价值的陆生野生动物名录》中列入的种类。

图 5-30　燕凤蝶 *Lamproptera curia*（Fabricius）

5.14.1　形态特征

成虫：燕凤蝶成虫是世界上凤蝶中最小的，触角黑色，体背黑色，头宽、腹短。前翅长约 9～11 mm，白色透明，外缘、前缘和基部均黑色，前缘中部到臀角有 1 条黑色斜带；后翅狭长，尾突长，从前缘中部斜向尾突有 1 条灰白色带（见图 5-30）。

卵：淡绿色、半透明，散产于寄主植物叶片背面，每只成虫产卵 10 粒左右。

幼虫：1 龄幼虫的胸部面是呈黑色的，生长过程中颜色变为棕色，高龄幼虫逐渐变青。

蛹：绿色，较小。

5.14.2　生活习性

在广西凭祥，燕凤蝶 1 年发生 3 至 4 代。最早在 4 月下旬发现成虫，由于温湿度、雌雄的差异，雌蝶成虫生命为 15～20 d，而雄蝶生命则要较雌蝶长 1 周左右；卵期为 8～13 d 天；幼虫历期 14～30 d；非滞育蛹历期 6～20 d，9 月以后蛹便停止羽化，滞育过冬。

成虫常在水资源丰富地区飞行，飞行速度快，喜吸水、访鬼针草 *Bidens pilosa* L. 花吸蜜（见图 5-31、图 5-32）。幼虫取食莲叶桐科 Hemandiaceae 青藤属 *Illigera* 植物。

5.14.3　致危因素

① 环境影响：如森林砍伐，毁林开荒等。

② 自身原因：如成虫产卵量少等。

③ 农业生产导致栖息地锐减。

④ 过度采集和商业利用。

图 5-31 燕凤蝶成虫憩息　　　　　图 5-32 燕凤蝶成虫访花

5.14.4 保护措施

① 列入国家颁布的相关保护动物名录，依法保护。

② 开展燕凤蝶生物学、生态学等相关基础研究，为保护野外资源奠定理论基础。

③ 加强燕凤蝶生态环境和栖息地保护。

④ 开展燕凤蝶的人工养殖。

⑤ 加强宣传教育，防止乱捕滥猎。

5.15　绿带燕凤蝶

　　绿带燕凤蝶 *Lamproptera meges*（Zinkin）属于凤蝶科燕凤蝶属，国内主要分布于四川、云南、广东、海南、广西、湖南，国外分布于印度、越南、马来西亚、缅甸、泰国、菲律宾群岛及西里伯岛。寄主植物为莲叶桐科青藤属植物。绿带燕凤蝶是国家林业局第 7 号令《国家保护的有益的或者有重要经济、科学研究价值的陆生野生动物名录》中列入的种类，在生态观赏和工艺制作中也具有较高的利用价值。

5.15.1　形态特征

　　成虫：30～35 mm。体黑色，翅比体稍淡。本种与燕凤蝶非常相似，唯前、后翅有绿色横带，故称绿带燕凤蝶，但该横带的颜色会随标本保存时间的延长而褪色。雄蝶后翅臀区无臀褶和白色长毛（见图 5-33）。

　　卵：略呈球形，底面浅凹。淡绿色半透明有光泽（见图 5-34）。

　　幼虫：末龄幼虫（5 龄）头部淡绿色有黑色的斑纹，斑纹的形状和大小变化较大。前胸背板绿色，前缘部分黄色，两侧有 1 对极矮的突起。体色深绿色，气门线以上的部分有黑色小点。后胸、第 1、2 腹节的背线两侧有 1 个轮廓不太明显的黄色斑。整个腹部的亚背线、气门上线、气门线及气门下线上都有断续的、不太明显的黄色纵带。肛上板分化不太明显，板的下缘深黄色，有 1 对极矮的黄色隆起。胸足淡绿色，腹足与臀足灰白色，末端黄色（见图 5-35）。

　　蛹：似青凤蝶的蛹。头部的突起很小，向左右两侧伸展。中胸背面中央的突起大而长，伸向身体的上前方。突起前端有发达的黄色隆线，前方的 1 条伸达头顶，后方的 1 条终止于中胸的后缘。在背线两侧有 2 条发达的黄色隆线从第 1 腹节的前缘到达腹末。体色鲜绿色，在气门线以上的部分有规则的暗绿色斑纹。体长约 24 mm（见图 5-36）。

图 5-33　绿带燕凤蝶
Lamproptera meges（Zinkin）

图 5-34　绿带燕凤蝶蝶卵

图 5-35　绿带燕凤蝶幼虫

图 5-36　绿带燕凤蝶蝶蛹

5.15.2　生活习性

　　成虫多在开旷及砍伐的丛林地活动，常沿林木中小径来回飞行，飞行迅速，十分活泼，爱戏水访花。吸水时翅水平伸展，但有时也合拢。在吸水过程中大约每秒钟从腹末喷水 1 次。卵单产在寄主植物叶的背面。1 龄幼虫休止时位于叶的背面，取食时移到叶的表面，吃掉上表皮和叶肉，留下下表皮（见图 5-37、图 5-38）。

图 5-37　绿带燕凤蝶成虫憩息　　　　　　　　图 5-38　绿带燕凤蝶成虫访花

5.15.3　致危因素

① 生境退化或丧失。

② 过度采集和商业利用。

③ 鸟类等捕食性天敌猎杀。

5.15.4　保护措施

① 列入国家颁布的相关保护动物名录，依法保护。

② 开展生物学、生态学等相关基础研究，为其野外资源保护奠定理论基础。

③ 加强绿带燕凤蝶的生态环境和栖息地保护。

④ 开展绿带燕凤蝶的人工养殖。

⑤ 加强宣传教育，防止乱捕滥猎。

5.16　窄曙凤蝶

窄曙凤蝶 *Atrophaneura zaleuca*（Hewitson）属于凤蝶科曙凤蝶属 *Atrophaneura*，国内主要分布于云南，国外分布于缅甸。寄主植物为马兜铃科植物。窄曙凤蝶是国家林业局第 7 号令《国家保护的有益的或者有重要经济、科学研究价值的陆生野生动物名录》中列入的种类。

5.16.1　形态特征

成虫：翅展 115 mm 左右。体背黑色，两侧红色。翅黑褐色，脉纹两侧灰色；雄蝶后翅狭窄，亚外缘有 3 枚齿状白斑，外缘波状。雌蝶翅较阔，后翅亚外缘的白斑发达，阔而数目增加，扩展到前缘及内缘，有时这些大白斑中心有黑圆斑。翅反面色淡，白斑扩大、色淡，近前缘另有 1 枚小白斑；其余与正面相似（见图 5-39）。

图 5-39　窄曙凤蝶
Atrophaneura zaleuca（Hewitson）

5.16.2　生活习性

在西双版纳 5 月份就可以看见窄曙凤蝶的成虫飞舞在山路旁和山区林缘（见图 5-40、图 5-41）。

5.16.3　致危因素

① 环境影响。

② 栖息地退化或丧失。

③ 过度采集和商业利用。

图 5-40　窄曙凤蝶成虫憩息

图 5-41　窄曙凤蝶成虫访花

5.16.4　保护措施

① 列入国家颁布的相关保护动物名录，依法保护。

② 开展生物学、生态学等相关基础研究，为其野外资源保护奠定理论基础。

③ 加强窄曙凤蝶的生态环境和栖息地保护。

④ 开展窄曙凤蝶的人工养殖。

⑤ 加强宣传教育，防止乱捕滥猎。

5.17　锤 尾 凤 蝶

锤尾凤蝶 *Losaria coon*（Fabricius）属于凤蝶科锤尾凤蝶属 *Losaria*，国内主要分布于海南、广东，国外分布于印度、缅甸、泰国、马来西亚、印度尼西亚。寄主植物为密毛阿柏麻 *Apama tomentosa*。锤尾凤蝶是国家林业局第 7 号令《国家保护的有益的或者有重要经济、科学研究价值的陆生野生动物名录》中列入的种类。

5.17.1　形态特征

成虫：前翅窄长，灰褐色，边缘色暗，翅脉、中室内及脉间有黑褐色条纹。后翅黑色，中室端部有 1 枚白斑，中室外方沿中室排有 6 枚白斑；翅端部边缘有白色和红色的缘斑。尾突端部圆锤形，柄细。翅反面与正面相似，但缘斑更清楚（见图 5-42）。

(a) 正面　　　　　　　　　　　　　　　(b) 反面

图 5-42　锤尾凤蝶 *Losaria coon*（Fabricius）

幼虫：1 龄幼虫头部黑褐色有强烈的光泽，上生黑毛。前胸背板几丁质化，上有黑毛。臭角短，淡黄色。体色暗赤褐色，前胸灰白色，腹末周围黄色。前胸气门线、中胸、第 4、第 7 腹节亚背线上及第 7 腹节气门下线上的肉瘤白色。后胸、第 1、第 8、第 9 腹节亚背线上的突起淡橙色，其他体节上的突起与体色相同。突起的末端半球形，上有许多黑色毛。肛上板几丁化，淡黄色，上生黑毛和 1 对瘤突。末龄幼虫暗紫色，肉瘤深红色。

蛹：颜色和形态与红珠凤蝶 *Pachliopta aristolochiae*（Fabricius）很相似。头部两侧及背面有 1 对薄的突起。胸部明显向后延伸。前胸背面有 2 对梅花状深红色斑纹。中胸两侧有 1 对耳状突起，背面有倒 "U" 字形的隆脊。后胸 1~3 腹节的侧面有圆弧形的突起，这些节的背面有暗褐色的斑纹。腹部显著向前弯曲，从侧面看整个虫体呈 S 形。第 4~7 腹节各节的亚背线上都有 1 个扁平的圆斑状突起。身体淡褐色，有褐色斑纹。

5.17.2　生活习性

卵单产在寄主植物叶的背面。幼虫在叶背面取食、休息。成虫飞行缓慢，好在林缘光照较弱的地方活动。喜访花，不吸水（见图 5-43）。

5.17.3　致危因素

① 环境影响。

② 栖息地退化或丧失。

③ 过度采集和商业利用。

图 5-43　锤尾凤蝶成虫访花

5.17.4　保护措施

① 列入国家颁布的相关保护动物名录，依法保护。

② 开展其资源调查、习性观察和生态研究，为实施针对性保护提供科学依据。

③ 保护锤尾凤蝶的生态环境和栖息地。

④ 开展锤尾凤蝶的人工养殖。

⑤ 加强宣传教育，防止乱捕滥猎。

5.18　枯 叶 蛱 蝶

　　枯叶蛱蝶 *Kallima inachus* Doubleday 属蛱蝶科 Nymphalidae 枯叶蛱蝶属 *Kallima*，被认为是生物进化理论的经典证据之一，在生物进化研究中占有十分重要的位置。枯叶蛱蝶在国内分布于云南、陕西、四川、江西、湖南、浙江、福建、广西、广东、西藏、海南、台湾等地，国外分布于日本、越南、缅甸、泰国、印度等国。枯叶蛱蝶寄主植物为爵床科 Acanthaceae 马蓝属 *Pteracanthus*（Nees）Bremek. 植物。枯叶蛱蝶是国家林业局第 7 号令《国家保护的有益的或者有重要经济、科学研究价值的陆生野生动物名录》中列入的种类。

5.18.1　形态特征

　　成虫：翅展 45～65 mm，停息时双翅叠合树立背部，酷似一片枯叶。前翅多鲜青蓝色鳞，中域有一条宽阔的橙黄色斜带，亚顶部和中域各有 1 个白色点斑；后翅灰褐色，基半部多青蓝色鳞，1A+2A 脉伸长成尾突。前后翅亚缘均有 1 深色波纹线。翅反面颜色和斑纹变化极大，从棕黄色至灰白色都有，有时还散布一些大小不等的酷似真菌斑的斑纹，翅脉凸出，雄蝶翅较雌蝶略狭窄。停息时从前翅顶角至后翅臀角有一条明显深褐色纹，恰似"枯叶"中脉（见图 5-44）。

（a）正面　　　　　　　　　　　　　　（b）反面

图 5-44　枯叶蛱蝶 *Kallima inachus* Doubleday

卵：香瓜形，浅绿色至蓝绿色，表面有均匀分布的 12～13 条纵向沟脊；直径 0.88（±0.07）mm，高 0.9（±0.11）mm；卵壳硬而脆，顶部有卵盖（见图 5-45）。

幼虫：初龄幼虫体表多毛；自 2 龄始，体表长出多列分枝的棘刺。背中线棘 1 列，9 个，分布在腹部 1～11 节，其中第 8 腹节 2 个；两边背侧线各有棘 1 列，每列 10 个；气门上棘 1 列，12 个；气门下棘 1 列，8 个；足基线棘 1 列，为双棘，每体节并列 2 个（见图 5-46）。

图 5-45　枯叶蛱蝶蝶卵

图 5-46　枯叶蛱蝶幼虫

初孵幼虫浅褐色，渐至棕褐色；头壳黑色，无头角。2 龄棕褐色，体毛变为棘，9 列；头部前上方出现一对较短的角突，长度不足 1 mm；3 龄棕褐色，背侧棘基部具黄色的瘤；角突生长至约 2.5 mm；4 龄头壳黑色，虫体起时深黑色，渐变至眠期深灰色；角突长度可达 4 mm；5 龄头壳和虫体黑色，多枝刺和体毛。1～5 龄头壳宽度分别为 0.84（±0.08）mm、1.22（±0.08）mm、1.84（±0.12）mm、2.75（±0.15）mm 和 4.11（±0.41）mm。

蛹：悬蛹，圆柱形，灰黑色至浅灰色；胸部背面凸起呈斧刃状，两侧向外突出 2 对小刺或刃；腹部背面土黄色，多尖锥状突起，长短不一，以背中线和侧线的 3 列最突出；蛹体长约 28 mm，宽约 10 mm（见图 5-47）。

图 5-47　枯叶蛱蝶蝶蛹

5.18.2　生活习性

在四川峨眉山，1 年可发生 3 代，以第 1、第 2 代为主，以滞育成虫越冬。枯叶蛱蝶的第 1 代历期约为 45～54 d，第 2、第 3 代历期较长，越冬个体可达 5～7 个月。

在重庆地区，成虫主要发生期在 5～9 月。卵期约 6 d；幼虫期约 36 d，5～6 龄，以 5 龄居多；蛹期约 10 d；1 个世代需 50 余天，1 年 2～3 个世代，以成虫越冬。

图 5-48　枯叶蛱蝶交配

成虫憩息常在离寄主植物不远处的潮湿森林内、溪旁林缘及山路边植物上，喜爱吸食树液、水果等发酵汁液，或在湿润地面上吸取水分。多停留在树干或有落叶的地面，野外不见访花，但在网室内偶见访花，飞翔高而敏捷快速，不易捕捉。分布于平地至海拔 2 000 m 左右的山地，以浅山丘陵地带数量最多（见图 5-48、图 5-49）。

图 5-49　枯叶蛱蝶成虫憩息

幼虫孵出后，先吃掉卵壳，多憩息于根部附近光照稀疏的场所，一般在取食时才爬到叶背；最后一龄则栖于寄主植物茎的下部。觅食活动多在傍晚及清晨，野外较难观察。遇到危险或刺激时会喷出刺激性液体或弯曲装死。老龄幼虫化蛹前食量逐渐减少，停食约 1 d 后，爬到较隐蔽的枯枝、叶背上吐丝倒垂身体，即尾端悬挂在寄主植物，头端向下进入预蛹期，约 1 d 后蜕皮化蛹。化蛹于寄主周围的植物叶背、枝条、枯枝及石块等阴凉处；悬垂在较结实的植物枝干、石块下面。

5.18.3　致危因素

① 天敌危害。
② 滥捕滥采，人为过度捕捉与交易，导致种群数量锐减。
③ 栖息地破坏严重。

5.18.4　保护措施

① 列入国家颁布的相关保护动物名录，通过法律和行政措施对枯叶蛱蝶野生资源实施保护。
② 加强枯叶蛱蝶人工养殖，满足日益增长的市场需求，有效遏制采集野外资源。
③ 重点开展枯叶蛱蝶的栖息地恢复、保护与维护。
④ 加强宣传教育，防止乱捕滥猎。

5.19　翠带枯叶蛱蝶

翠带枯叶蛱蝶 *Kallima knyvetti* de Nicevill 属蛱蝶科枯叶蛱蝶属，国内分布于西藏，国外分布于缅甸、不丹、印度。属于数量极其稀少、濒于绝灭的蝴蝶种类。

5.19.1　形态特征

成虫：翅展 85～110 mm。前翅底色黑色，有藏青色光泽，两翅的亚缘均有 1 条深色波状的横线。前翅顶角尖，中域有 1 条宽的天蓝色或蓝紫色的斜带，从前缘中部斜伸到外缘下方；亚顶部和中域各有 1 个白点。后翅 1A+2A 脉延长成尾状。翅反面呈枯叶色，静息时从前翅顶角到后翅臀角处有 1 条深褐色的横线，加上几条斜线和斑块、斑点，酷似枯叶（见图 5-50）。

5.19.2　生活习性

不详。图 5-51 为翠带枯叶蛱蝶憩息。

5.19.3　致危因素

① 环境影响。
② 栖息地丧失或退化。
③ 人为活动干扰。

　　(a) 正面　　　　　　　　　　　　(b) 反面

图 5-50　翠带枯叶蛱蝶 *Kallima knyvetti* de Nicevill

图 5-51　翠带枯叶蛱蝶憩息

5.19.4　保护措施

　　① 列入国家颁布的相关保护动物名录，通过法律和行政措施对翠带枯叶蛱蝶野生资源实施保护。

　　② 开展对翠带枯叶蛱蝶的资源调查和基础研究，为实施针对性保护提供科学依据。

　　③ 保护翠带枯叶蛱蝶的生态环境和栖息地。

　　④ 开展翠带枯叶蛱蝶的人工养殖。

　　⑤ 加强宣传教育，防止乱捕滥猎。

5.20　黑紫蛱蝶

黑紫蛱蝶 *Sasakia funebris*（Leech）隶属蛱蝶科紫蛱蝶属 *Sasakia*，是我国的特产种之一，分布在四川、福建和浙江等省的部分地区，也是国家林业局第 7 号令《国家保护的有益的或者有重要经济、科学研究价值的陆生野生动物名录》中列入的种类，其寄主植物为榆科 Ulmaceae 的紫弹树 *Celtis biondii* Pamp. 等朴属 *Celtis* L. 植物。

5.20.1　形态特征

成虫：翅展，雌性 115～125 mm，雄性 95～110 mm，紫黑色，前翅中室基部有一条红色短线，中域外侧从 cu_2 室至 r_3 室，各室都有一个"∠"形灰白色长纹，其中 2a 室 2 个，后翅也有同样的白纹。前翅中室基部有 1 个红色半箭纹，翅中有 4 个蓝色斑点，后翅肩角有 1 个红色环，下半部不完整（见图 5-52）。

（a）正面　　　　　　　　　　　（b）反面

图 5-52　黑紫蛱蝶 *Sasakia funebris*（Leech）

卵：近圆柱形，直径 1.63～1.72 mm，高 1.82～1.90 mm，暗绿色，从授精孔附近向下走向有纵隆线 13～14 条，少数 12 条或 15 条，在显微镜下还有许多横线可见。

幼虫：1 龄幼虫初孵时体长 4.40～4.60 mm，宽 0.90～1.00 mm，黄绿色，表面有许多小颗粒和细毛，头红褐色，明显大于胴体，尾棘浅褐色，二分叉；2 龄幼虫长 5.50～6.30 mm，宽 1.20～1.50 mm，绿色，有淡黄色小颗粒，中胸及第 2、第 4、第 7 腹节背面各有一对三角形鳞片状突起，其余各腹节背面也有一对淡黄色小突起，头部有一对红褐色角状物，上长小刺，端部二分叉，头部后缘还有一列小刺，尾棘浅褐色。3 龄幼虫长 7.00～7.50 mm，宽 2.20～2.50 mm，其余基本同 2 龄。越冬幼虫（4 龄）长 8.30～9.40 mm，宽 2.00～2.50 mm，褐色，后胸及第一腹节呈明显的茶褐色环，头部后缘的小刺列及体背的三角形鳞片状突起上的小颗粒呈绿色；4 龄（成长）长 13.50～14.50 mm，宽 3.30～4.00 mm，体背的三角形鳞片状突起明显增大，呈红褐色，体侧有数条淡黄色斜线，其余同 3 龄；5 龄幼虫长 19.50～21.50 mm，宽 5.50～6.50 mm，绿色，体背的三角形突起上的小颗粒、胸部侧面的小刺突、头及其后缘的小刺、头角均呈黄绿色，其他腹节背面的小突起消失，体侧的斜带明显；6 龄幼虫长 45.50～50.00 mm，宽 10.00～12.00 mm，绿色，近圆筒形，第 3、第 5、第 6、第 8～10 腹节披有较厚的白色粉状物，侧面有白绿相间的斜带，胸侧和头后缘的小刺突、体背的鳞片状突及胸足呈黄绿色。

蛹：长 41.00～52.00 mm，宽 18.00～20.00 mm，绿色，披有白色粉状物，左右显著扁平，腹面厚宽，近直线，背面呈圆弧形，第 4～8 腹节背面具锯齿状向前突出，后胸背面明显内凹，棱线向两侧分枝，直伸头顶，第 3、第 4 腹节间有一个乳白色小斑微微凸起，第 4、第 5 腹节间有一个较大的乳白色斑，凸起较明显。

5.20.2　生活习性

黑紫蛱蝶在浙江一年发生 1 代，以 4 龄幼虫越冬。蛹一般在晴天 7～8 时羽化。羽化时，首先触角裂出，而后是蛹的胸背纵裂，露出头和胸，最后腹部从蛹壳中脱出。脱壳而出的成虫攀悬在蛹壳上，从体内排出大量褐色液体。经 15～20 min，双翅基本伸直。再经 1h 左右，翅脉硬化，双翅不停地扇动，喙时快时慢地伸直又卷起。又经 2h 左右，成虫离开蛹壳，爬到枝叶上或飞翔他处。根据野外调查和饲养观察，雄性比雌性提早 5～7 d 羽化。成虫飞翔迅速，喜欢吸食腐烂的果汁等。一天中以 12～15 时成虫活动最盛（见图 5-53）。

图 5-53　黑紫蛱蝶成虫憩息

雌蝶交尾后，即在寄主附近飞翔，寻找合适的产卵场所。14～18 时都能产卵，但最盛是 15 时左右。卵产于寄主叶片正、反面的边缘、叶柄或细枝干上，每次产 1～2 粒。在 6～17 时均有幼虫孵化。从啃咬卵壳到幼虫爬出，约需 3h。

刚孵出幼虫先啃食卵壳，然后爬到叶尖取食叶片。取食时间一般在 19:30 前后和早晨 5 时左右。越冬前幼虫食量较小，6 龄幼虫食量最大，每天的取食次数增多，幼虫在脱皮前停食 2～3 d。1、2 龄幼虫取食和憩息在同一叶片，3 龄后憩息时远离取食叶片。幼虫具有重复取食同一叶片和返回原位憩息的习性。幼虫进入 4 龄后，经一段时间的取食，随着气温的下降，虫体由绿变黄，在寄主叶片掉落之前，逐渐离开叶片，环绕在寄主小枝干上，体色由黄变成褐色，不吃不动，进入冬眠。翌年春季，气温回升，寄主长出新芽嫩叶时，幼虫眠起取食。一周后，虫体变为褐绿色，从枝干上迁到叶片上。1 至 5 龄幼虫憩息时，头朝叶柄，呈斜立姿态。

幼虫老熟后，停食 2 d 左右，虫体缩短，体色变淡，寻找合适的叶片化蛹，化蛹时，先在叶柄基部和叶片背面吐丝，头朝叶柄，沿中脉静伏数小时后，呈倒挂状态，经 1～2 d 预蛹即脱皮成蛹。

5.20.3　致危因素

① 低温影响：如冬季严寒和早春寒潮冻死大量越冬幼虫。

② 天敌危害：黑紫蛱蝶的各个虫态均易遭受天敌伤害。

③ 栖息地退化或丧失。

④ 人为捕捉。

5.20.4　保护措施

① 列入国家颁布的相关保护动物名录，通过法律和行政措施对黑紫蛱蝶的野生资源实施保护。

② 开展对黑紫蛱蝶的资源调查和基础研究，为实施针对性保护提供科学依据。

③ 保护黑紫蛱蝶的生态环境和栖息地。

④ 开展黑紫蛱蝶的人工养殖。

⑤ 加强宣传教育，防止乱捕滥猎。

5.21　阿波罗绢蝶

阿波罗绢蝶 *Parnassius apollo*（Linnaeus）隶属绢蝶科 Parnassiidae 绢蝶属 *Parnassius*，分布在新疆（天山）、欧洲各国、土耳其、蒙古，寄主植物为景天属 *Sedum* L. 植物。阿波罗绢蝶是昆虫中最早被列入《濒危野生动植物种国际贸易公约》（CITES），列为 Ⅱ 级保护的物种，我国《国家重点保护野生动物名录》中列为 Ⅱ 级保护对象，IUCN 红皮书《受威胁的世界凤蝶》列为 R 级（个体数量甚少），也是国家林业局第 7 号令《国家保护的有益的或者有重要经济、科学研究价值的陆生野生动物名录》中列入的蝴蝶种类。

5.21.1　形态特征

成虫：翅展 79～92 mm，翅白色或淡黄白色。半透明。前翅中室中部及端部有大黑斑，中室外有 2 枚黑斑，外缘部分黑褐色，亚外缘有不规则的黑褐带，后缘中部有 1 枚黑斑。后翅基部和内缘基半部黑色；前缘及翅中部各有 1 枚红斑，有时有白心，周围镶黑边；臀角及内侧有 2 枚红斑或 1 红 1 黑斑，其周围镶黑边；亚缘黑带断裂为 6 个黑斑。翅反面与正面相似，但翅基部有 4 枚镶黑边的红斑，2 枚臀斑也为具黑边的红斑。雌蝶色深，前翅外缘半透明带及亚缘黑带较雄蝶宽而明显，后翅红斑较雄蝶大而鲜艳（见图 5-54）。

图 5-54　阿波罗绢蝶
Parnassius apollo（Linnaeus）

卵：扁平，表面有许多颗粒状的微小突起，排列规则。精孔周围稍凹，这里的微小颗粒显著比其他部分小。卵灰白色，精孔周围淡黄绿色。直径约 1.38 mm，高约 0.85 mm。

幼虫：1 龄幼虫头部黑褐色有光泽，上生黑毛。臭角不明显。前胸背板黑褐色有光泽。身体暗黑褐色，下方色稍淡。前胸前半部泛橙黄色。肛上板几丁化，黑褐色。终龄幼虫体黑色，前胸至第 9 腹节亚背线上的圆形斑呈红色。

蛹：身体暗褐色有光泽，覆盖有灰白色粉。头部圆形，无突起。前胸的气门关闭。中胸圆形。前翅基部的突起呈钝色。腹部背面看呈椭圆形，从侧面看向腹面弯曲，每一腹节气门上线各有 1 个浅凹。体长约 21 mm。

5.21.2　生活习性

阿波罗绢蝶 1 年 1 代，以卵越冬。成虫 8 月出现，生活在海拔 750～2 000 m 的亚高山地区。阿波罗绢蝶成虫的运动斑块受到幼虫与成虫食物资源的限制，运动范围在 260～1 840 m，在此范围内频繁运动（见图 5-55）。

5.21.3　致危因素

① 过度采集与贸易。

② 气候变化、酸雨。

③ 都市化及大量基础设施建设。

④ 农业化及农药的大量使用。

⑤ 森林砍伐与生境破坏。

图 5-55　阿波罗绢蝶成虫访花

5.21.4　保护措施

① 列入国家颁布的相关保护动物名录，通过法律和行政措施对阿波罗绢蝶的野生资源实施保护。

② 加强宣传教育，提高公众保护意识。

③ 加强阿波罗绢蝶的基础科学研究，为实施针对性保护提供科学依据。

④ 设立阿波罗绢蝶栖息地保护区，对阿波罗绢蝶的重要栖息地进行保护。

⑤ 加强宣传教育，防止乱捕滥猎。

5.22　四　川　绢　蝶

四川绢蝶 *Parnassius szechenyii* Frivaldszky 隶属绢蝶科绢蝶属，分布于甘肃、青海、四川、云南、西藏等地。四川绢蝶是国家林业局第 7 号令《国家保护的有益的或者有重要经济、科学研究价值的陆生野生动物名录》中列入的种类。

5.22.1　形态特征

成虫：展翅时宽达 65～70 mm，躯体长 13～18 mm，躯体及翅基部布满黑色、长约 3 mm 的短毛。触角为典型的棒状触角，长约 10 mm，靠近头部呈黄色，顶端为黑色。雄蝶翅成淡黄色，翅脉深黄，前翅中室外有两个黑围橘红斑，外缘半透明，亚外缘有断裂黑色带，中室中部及横脉处有 2 个长方形黑斑，后缘黑斑内有橘红色瞳点；后翅前缘及翅中部各有 1 个黑围橘红色斑，斑中心有白色瞳点；臀角处并列有 2 个黑围蓝斑，蓝斑上方有黑色条斑；翅基及内缘有宽黑带。反面似正面，色淡。翅基有 4 个黑围红色斑，里层为淡蓝色，呈三套色 4 斑依次紧列，沿内缘向臀角延伸。雌蝶臀斑也呈三套色。雌蝶翅色深，前翅红斑不显（见图 5-56）。

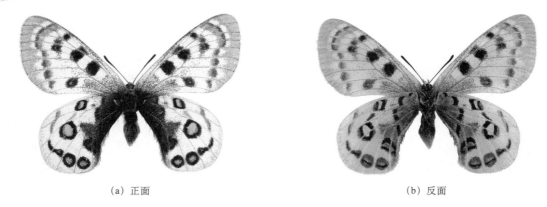

（a）正面 　　　　　　　　　　　　　　　（b）反面

图 5-56　四川绢蝶 *Parnassius szechenyii* Frivaldszky

卵：乳白色，扁圆形，表面有细的凹点，大小约 1 mm。

5.22.2　生活习性

四川绢蝶的蜜源植物主要为金沙绢毛菊 *Soroseris gillii*（S. Moore）Stebbins、鳞叶龙胆 *Gentiana squarrosa* Ledeb.、钝裂银莲花 *Anemone obtusiloba* D. Don 等。

四川绢蝶在整个繁殖期都产卵，其产卵一般在晴朗无风的 12～15 时进行，四川绢蝶日产卵 5～10 次，单次产卵 1 粒，1 个产卵点只产 1 粒卵，总卵数（51.2±17.5）粒。对产卵地具有明显的选择性，只选择在灌丛中的草丛上产卵，产卵地隐蔽，阳光无法直射，避风、较潮湿。

雄蝶活动能力较雌蝶强，一般在距离地面 1.5～3 m 的低空盘旋飞行，寻找刚羽化和未交配的雌蝶交配。整个交配过程需（152±36）s。

5.22.3　致危因素

① 放牧。该行为会导致植被的大面积破坏，尤其是四川绢蝶赖以生存的蜜源植物和寄主植物会遭到破坏。

② 植树造林活动。通过研究发现越靠近树林的地方四川绢蝶活动越为稀少，树林的存在对四川绢蝶的活动有着非常大的限制。

③ 生境丧失和退化。

④ 人为捕捉和不正当贸易。

5.22.4　保护措施

① 列入国家颁布的相关保护动物名录，通过法律和行政措施对四川绢蝶的野生资源实施保护。

② 开展四川绢蝶的本底资源调查和基础科学研究，为实施针对性保护提供科学依据。

③ 保护四川绢蝶赖以生存的自然环境。

④ 利用各种宣传手段大力宣传保护四川绢蝶的重要意义。

⑤ 加强宣传教育，防止乱捕滥猎。

5.23 君 主 绢 蝶

君主绢蝶 *Parnassius imperator* Oberthür 隶属绢蝶科绢蝶属，是绢蝶中体型较大的种类，是我国特有的蝴蝶种，分布于我国的青海、甘肃、四川、云南和西藏，寄主植物为灰绿黄堇 *Corydalis adunca* Maxim. 等。君主绢蝶是国家林业局第 7 号令《国家保护的有益的或者有重要经济、科学研究价值的陆生野生动物名录》和《濒危野生动植物种国际贸易公约》中列入的种类。

5.23.1 形态特征

成虫：翅展 79～92 mm，翅白色或淡黄白色，半透明，翅脉黄褐色。前翅正面外缘具宽半透明带。亚外缘半透明带锯齿状，翅中部有 1 条黑色横带；中室端和中室内各具有 1 个大型黑斑；翅基散生黑鳞；后翅前缘基部、前缘中部及翅中各有 1 个黑圈内红心白的三色斑。臀角处具两外围黑环的大蓝斑，靠顶角为 1 条断续黑条纹，翅基及后缘为连片大黑斑，外方另有 1 条黑色横条纹。翅反面同正面，只在后翅基部有 3～4 个红斑。

雄成虫：腹部多长毛，白色，稠密，覆盖腹部表面，在后翅基区及臀区也具白色长毛且稠密（见图 5-57）。

雌成虫：腹部无长毛，光滑且腹节明显，在后翅基区及臀区也具白毛，但与雄成虫相比，不稠密。雌成虫经交配后在腹部下端形成 1 黄白色膜质囊袋。

卵：半球形，上部扁平，直径约 1.38 mm，高约 0.85 mm。灰白色，精孔周围淡黄绿色。表面有许多颗粒状的微小突起，排列规则。精孔周围稍凹，这里的微小颗粒显著比其他部分小。

图 5-57 君主绢蝶
Parnassius imperator Oberthür

幼虫：1 龄幼虫头部黑褐色有光泽，上生黑毛。臭角不明显。前胸盾黑褐色有光泽。身体暗黑褐色，下方色稍淡。前胸前半部泛橙黄色。肛上板几丁化，黑褐色。2 龄、3 龄幼虫斑点不明显，胸腹部被白毛，但不稠密。4 龄老熟幼虫头部黑褐色有光泽，上生黑毛，臭角明显，身体黑色，身体胸腹部密被白毛。

蛹：蛹身体暗黄褐色有光泽。头部圆形，无突起。前胸的气门关闭。中胸圆形。前翅基部的突起呈钝角。腹部从背面看呈椭圆形，从侧面看向腹面弯曲，每一腹节气门上线各有 1 个浅凹。体长约 21 mm。

5.23.2　生活习性

君主绢蝶在甘肃临夏州永靖县 1 年 1 代，以卵越冬，卵多产于寄主植物近前的岩石壁上。翌年 3 月下旬君主绢蝶卵孵化，幼虫 4 龄，平均历期为 52 d，3 月下旬至 6 月下旬都可见到幼虫。预蛹期平均为 5 d，蛹期平均为 47 d，5 月初始见其成虫，7 月中旬为成虫高峰期，直到 9 月下旬仍可见成虫活动。卵期一般为 8 个月。

在永靖县，3 月中旬寄主植物灰绿黄堇发芽，君主绢蝶幼虫同步孵化。阳坡坡面温度高，日照充足，寄主植物发芽早，幼虫孵出早，半阳坡、半阴坡相对较晚。君主绢蝶幼虫的发育极不整齐，从野外采回 4 龄老熟幼虫的同时还可以采到即将孵化幼虫的卵。1 龄幼虫从 4 月初到 5 月底都可以见到，2~4 龄幼虫从 4 月上旬到 6 月下旬都可以见到。各龄期幼虫重叠出现。幼虫总在寄主植物灰绿黄堇植株上或植株附近活动，取食灰绿黄堇当年生的嫩叶及其茎秆，初龄幼虫取量很小。2 龄以后幼虫取食量增加，生长迅速，移动爬行速度快。3 龄幼虫进入暴食期，3~4 龄幼虫食量占到全部取食量的 80%。末龄幼虫的取食量更大，占全部食量的 50%，严重时被食茎叶几乎不留。幼虫喜遮阴处，常栖身于石块、土块、土缝中静伏不动。幼虫有臭角受惊吓时会突然伸出。

君主绢蝶化蛹前，老熟幼虫停止取食而四处爬行寻找隐蔽黑暗处，如石缝、土缝中的石壁上吐丝结成一个乳白色半透明的薄茧将身体藏在其中，经过 4~5 d 老熟幼虫蜕皮成黄褐色蛹。

君主绢蝶在甘肃省南部地区的适生区域很广，在每年的 5 月初到 9 月底都能见到成虫的飞翔。成虫在晴天的 10 时到 15 时陆续出现，阳光照射下可见其快速或缓慢的飞翔，阴雨天寻找避雨处躲藏。成虫多在流石坡及河滩地飞翔盘旋，喜停歇于碎石岩面上，正好与其体色一致，不易被发现（见图 5-58）。成虫整个羽化过程持续 1~2h，成虫羽化后 2~3 d 即可交尾。交尾多在晴天无风的 12 时至 17 时之间，雄蝶飞翔能力强，会在流沙石坡上快速飞翔寻找雌蝶进行交配。多选择在干涸的河床处交尾，交配开始时，个体间尾部相连，翅均展开成一平面，或贴地爬行，或近地面飞翔，落地后不振翅。交配时间不确定。每头雌虫一生只交尾 1 次，雌雄交配后，雌蝶尾部末端的腺体便分泌出一种黏液干后变成角质臀袋，这种象牙色的坚韧构造阻绝了其他雄蝶再与这只雌蝶交尾的机会。

交尾后 4~7 d 后产卵，每头雌虫孕卵 120 粒左右。君主绢蝶的卵多产于靠近寄主

图 5-58　君主绢蝶成虫憩息

植物的岩石岩面上，1 粒至 4 粒散产，也有产卵于其幼虫寄主植株基部的干枯枝节上，君主绢蝶对产卵地有较明显的选择性，多选择在离其寄主植物近的地方。君主绢蝶在整个成虫期间都有访花习性，访花植物以鬼箭锦鸡儿 *Caragana jubata*（Pall.）Poir.、金露梅 *Potentilla fruticosa* L.、银露梅 *P. glabra* Lodd. 等为主。

5.23.3　致危因素

① 由于气候变暖，干旱灾害发生的次数明显增加，使甘肃省永靖县天然草场退化现象严重，势必对君主绢蝶寄主植物的生存造成威胁。

② 恶劣异常的气候条件尤其是对幼虫的生存有较大的影响。

③ 大雨暴雨极易造成当地山体塌陷、滑坡，大量的幼虫被冲走、掩埋。

④ 过度的放牧，使寄主植物数量减少，君主绢蝶幼虫的生存受到威胁。

⑤ 炸山采矿采石，对君主绢蝶的生境造成极大的破坏。

⑥ 过度的捕捉也是造成君主绢蝶种群数量减少的原因之一。

5.23.4　保护措施

① 已列入国家颁布的相关保护动物名录。

② 进一步开展生物学及栖息地等方面的研究，为保护提供理论依据。

③ 保护君主绢蝶及其赖以生存的自然环境，尽量减少人为干扰。

④ 加强宣传教育，树立公众的自然保护意识。

⑤ 建立人工繁育基地，增加其种群数量。

⑥ 建立野外生态监测站，对其进行长期监测。

5.24　箭　环　蝶

箭环蝶 *Stichophthalma howqua*（Westwood）是环蝶科 Amathusiidae 箭环蝶属 *Stichophthalma* 的一类大型蝶种。国内主要分布于南方地区，国外分布于越南、老挝、泰国、缅甸和印度。它是国家林业局第 7 号令《国家保护的有益的或者有重要经济、科学研究价值的陆生野生动物名录》中列入的种类，具有较高的生态、经济、科研、营养以及美学等多方面的价值。其寄主植物为竹亚科 Bambusoideae 部分植物。

5.24.1　形态特征

成虫：翅展雌蝶 129 mm 左右，雄蝶 90 mm 左右。雄翅浓橙色，前翅顶角黑褐色，外缘有 1 黑褐色细线及 1 波状线，$m_1 \sim cu_2$ 室各有 1 菱形黑褐斑纹，斑的外侧端延伸与波状线相连，骤看似 5 个金鱼纹；后翅缘线不明显，鱼纹大而显著。翅的反面略带红色，前后翅中央及近基部有 2 条横的波状纹，缘室中央各有 5 个红褐色眼状纹，周围有黑色边，中心有白点，外缘有 3 条暗色波状纹；雌翅正面色较暗，反面斑纹色调明显（见图 5-59）。

图 5-59　箭环蝶
Stichophthalma howqua (Westwood)

卵：初产时为淡黄色，后变为绿色，圆形，一端平截或为馒头形。卵粒直径 1.7 mm，高 1.4 mm。

幼虫：初孵幼虫体长 5.0～5.2 mm，头宽 1.1～1.2 mm。幼虫孵化时从紫色环中顶盖而出。幼虫肉色，或淡绿白色，或红肉色；头部略显淡红色，或色略深。体布满白色长毛，有些幼虫头部的 5 根长毛，基部黑色。老熟幼虫体长 65～70 mm，略呈圆筒形，绿色。头部橘黄色。体披白毛，气门黑色，略呈椭圆形。尾角一对，三角形，淡黄色。

蛹：体长约 32 mm，淡绿色，头部有 2 个角突。

5.24.2　生活习性

该虫在浙江省余姚市 1 年 1 代。以幼虫在杂草、灌木以及枯枝落叶中越冬。3 月上、中旬开始活动，一直到 6 月上旬。5 月中旬开始化蛹，5 月下旬化蛹盛期，6 月上旬结束。6 月上旬成虫开始羽化，8 月上旬羽化结束。卵期 6 月中旬到 8 月上旬。幼虫期 6 月下旬到 11 月下旬开始越冬。翌年 6 月上旬到 8 月上旬成虫羽化产卵。

卵产于竹叶背面或背面叶尖处，块状。当天产的卵均未有一圈紫色的环，淡黄色。1 d 后卵粒颜色渐渐转绿色，并有少量卵出现紫色的环。2 d 后大部分卵有 1 紫色的环，但颜色不一定都成绿色。卵期 6～7 d。

幼虫孵化时从紫色环中顶盖而出。初孵幼虫取食卵壳，然后取食竹叶，幼虫有群集性，以同一方向整齐排列，有吐丝下垂的习性。

蛹大部分用臀棘固定（悬挂）在竹小枝或竹叶的竹柄上，少量在竹秆上，蛹期为 19 d。

成虫刚羽化时，在蛹壳旁，抖动双翅，平铺，0.5 h 后双翅才竖起。数小时后成虫开始飞翔，并停栖在毛竹叶片上、杂草上等，双足抓住寄主，双翅竖起下垂，呈倒挂姿势（见图 5-60）。雄蝶成虫补充营养于地面上的垃圾上，如动物粪便、酒糟等处，十几头甚至几十头聚集在一起吸食营养。在竹秆节间处被竹卵圆蚧危害后留下的伤痕处，常常聚集数头成虫环状憩息进行补充营养，受惊飞走后，过段时间又重新飞回，继续进行补充营养。箭环蝶在毛竹山上极大部分是雄蝶，几万甚至几十万头成虫中，雌蝶仅发现 4 头。成虫飞翔高度在毛竹顶梢之上，大约 10 m 以下。大部分在毛竹林内或毛竹林之上的周围，或在溪沟旁周围飞翔（见图 5-61）。成虫交尾雌雄成虫头部相向，尾部相交，在竹叶上一般雌蝶在上部，雄蝶在下面，雌雄成虫呈倒挂憩息状。交配时间较长，达 0.5 h 以上。每只雌蝶产卵 12～77 粒，平均 50 粒左右。成虫寿命 4～6 d。

图 5-60 箭环蝶成虫憩息   图 5-61 箭环蝶成虫集中爆发

在云南省红河州金平县马鞍底乡，箭环蝶 1 年发生 1 代。成虫历期 5 月中旬至 7 月底，成虫期约 25 d；卵期为 6 月至 7 月初；卵于 7 月中下旬孵化成 1 龄幼虫。1～3 龄幼虫生长阶段为 8 至 11 月，11 月至翌年 3 月，箭环蝶以 3 龄幼虫越冬，3 月底幼虫开始复苏生长，4 月下旬至 5 月初挂蛹；蛹期为 4～5 月，历期约 23 d。不同海拔高度各虫态发生时期略有差异。

5.24.3 致危因素

① 农业和经济林大量侵占栖息地，导致箭环蝶因丧失生存空间而种群数量迅速下降。

② 大量使用农药，导致野生种群数量急剧下降。

③ 市场需求量巨大，导致箭环蝶被大规模人为无序盗捕，致使其种群数量急剧减少。

④ 寄主植物大面积开花死亡，导致部分箭环蝶因缺食而死。

⑤ 由于兴修城镇、公路、水库、居民点等大量基础性建设项目导致箭环蝶的栖息地碎片化，致使箭环蝶的可见度越来越低。

⑥ 寄生和捕食性天敌威胁。

5.24.4 保护措施

① 地方政府立法保护，禁止乱捕滥采。

② 展开箭环蝶生物学特性、为其保护提供理论依据。

③ 加强栖息地的恢复与维护，补充种植寄主植物，为箭环蝶创造良好的生存环境。

④ 开展人工养殖、补充放飞，人为增加野生种群数量。

⑤ 加强箭环蝶保护宣传教育。

5.25 森下交脉环蝶

森下交脉环蝶 *Amathuxidia morishitai* Chou & Gu 属于环蝶科交脉环蝶属 *Amathuxidia*，主要分布在海南省。它是国家林业局第 7 号令《国家保护的有益的或者有重要经济、科学研究价值的陆生野生动物名录》中列入的种类。

5.25.1 形态特征

成虫：翅正面黑褐色。前翅顶角较尖，顶端色较淡；从前缘中部到臀角有 1 条蓝色的宽斜带。后翅顶角、臀角及内缘区色淡，无斑纹。翅反面黄褐色，前后翅各有 6 条暗褐色横线，其中前翅第 4、5 条线之间为灰白色带，后翅顶角和臀角附近各有 1 个不太明显的眼斑（见图 5-62）。

(a) 正面   (b) 反面

图 5-62 森下交脉环蝶 *Amathuxidia morishitai* Chou & Gu

5.25.2　生活习性

成虫 6 月出现，活动在热带半落叶季雨林中（见图 5-63）。

图 5-63　森下交脉环蝶成虫憩息

5.25.3　致危因素

① 环境变化。
② 栖息地锐减。

5.25.4　保护措施

① 将森下交脉环蝶列入国家保护蝴蝶名录。
② 开展森下交脉环蝶的资源调查和基础科学研究，为其制定针对性保护措施。
③ 加强森下交脉环蝶的栖息地保护。

5.26　豹　眼　蝶

豹眼蝶 *Nosea hainanensis* Koiwaya 属于眼蝶科 Satyridae 豹眼蝶属 *Nosea*。国内主要分布于海南、广东、广西。豹眼蝶是国家林业局第 7 号令《国家保护的有益的或者有重要经济、科学研究价值的陆生野生动物名录》中列入的种类。

5.26.1　形态特征

成虫：翅正面暗黄色，前翅中室内有 4 个黑斑；外线由 1 列圆形黑斑组成，其中近后缘 1 个最大；亚端及外缘各有 1 列三角形黑斑。后翅斑纹与前翅相似，但中室内只有 2 个黑斑。广西亚种的雌蝶后翅基部的底色全为白色（见图 5-64）。

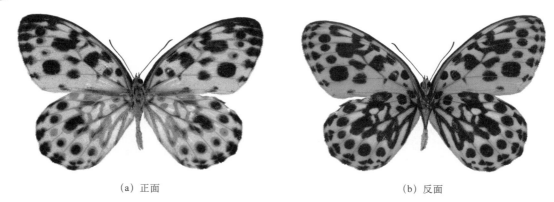

(a) 正面　　　　　　　　　　　　　　　(b) 反面

图 5-64　豹眼蝶 *Nosea hainanensis* Koiwaya

5.26.2　生活习性

成虫 5～6 月可见，活动在热带山地雨林、山顶苔藓矮林内。其他不详。

5.26.3　致危因素

① 环境变化。

② 栖息地减少。

③ 人为活动干扰。

5.26.4　保护措施

① 将豹眼蝶列入国家保护蝴蝶名录，依法保护。

② 开展豹眼蝶的资源调查和基础科学研究，为其制定针对性保护措施。

③ 加强豹眼蝶的栖息地保护和维护。

④ 加强宣传教育，规范人为活动，减少不利干扰。

5.27　赤 眉 粉 蝶

赤眉粉蝶 *Zegris pyrothoe* (Eversmann) 属于粉蝶科 Pieridae 眉粉蝶属 *Zegris*，国内分布于新疆，国外分布于哈萨克斯坦、欧洲东南部、西伯利亚西南部等地，是国家林业局 7 号令《国家保护的有益的或者有重要经济、科学研究价值的陆生野生动物名录》中列入的种类。

5.27.1　形态特征

成虫：翅展 40 mm 左右。翅正面白色。雄蝶前翅中室端斑黑色，新月形，有小的白瞳；顶角区脉端有黑斑，常联合成横带；从前缘 2/3 处到外缘 Cu_1 脉有 1 条松散的黑色斜带，与顶角外缘的黑带形成"V"字形，其中围住 1 个橙红色大斑。后翅无斑，但可透视反面的云状斑。前翅反面无橙红色斑，"V"字带呈绿褐色，其端部均两分叉；后翅反面有 5 条相互交织的绿褐色宽黑带。雌蝶斑纹与雄蝶相似，但前翅正面顶角的橙红色斑较小（见图 5-65）。

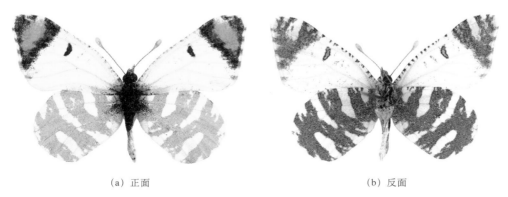

（a）正面　　　　　　　　　　　　　（b）反面

图 5-65　赤眉粉蝶 *Zegris pyrothoe* (Eversmann)

5.27.2　生活习性

相关资料缺。

5.27.3　致危因素

① 环境影响。
② 栖息地退化或丧失。
③ 人为活动干扰。

5.27.4　保护措施

① 将赤眉粉蝶列入国家保护蝴蝶名录，依法保护。
② 开展赤眉粉蝶的资源调查和基础科学研究，为制定其针对性保护措施提供依据。
③ 加强赤眉粉蝶的栖息地保护和维护。
④ 加强宣传教育，规范人为活动，减少不利干扰。

5.28　斑　珍　蝶

斑珍蝶 *Acraea violae* (Fabricius) 隶属珍蝶科 Acraeidae 珍蝶属 *Acraea*，国内分布于云南和海南，国外分布于缅甸和印度一带，为工艺材料、生态观赏和喜庆放飞三用的优良蝶种，在《中国物种红色名录》中，斑珍蝶被评估为近危蝶种。记载其寄主有西番莲科 Passifloraceae 西番莲属 *Passiflora* Linn.，以及葫芦科 Cucurbitaceae、桑科 Moraceae、紫葳科 Bignoniaceae、锦葵科 Malvaceae、马鞭草科 Verbenaceae 和马桑科 Coriariaceae 的部分植物。

5.28.1　形态特征

正面（雄）　　　　反面（雄）

正面（雌）　　　　反面（雌）

图 5-66　斑珍蝶 *Acraea violae* (Fabricius)

成虫：中小型，前翅长 32～35 mm。雌雄同型。羽化初期翅正面红色，消褪后呈浅橙色。前翅顶角较锐，中室内、中室端脉和中室端外都有黑色斑点，后翅正面有黑色宽外缘带，带中央有橙红色斑点（见图 5-66）。

卵：圆柱形，直径约 0.4～0.5 mm，高约 0.6 mm，表面有纵向脊纹，初产时浅黄色。

幼虫：6 龄。1 龄幼虫体表各节生长细毛；自 2 龄始，体毛转变成 6 列分枝的棘刺，每体侧 3 列；3～4 龄虫体棕黑色，头部和胸部背面棕黄色，棘刺黑色；5～6 龄幼虫头部黄褐色，胸腹部体表棕黄色，各棘刺下部棕黑色，上部黑色。背侧线、气门上线和气门下线暗褐色。

蛹：悬蛹，长 14～16 mm，宽约 5～6 mm，乳白色，圆柱形。触角和喙所在部位黑色。复眼上方和两侧黑色，并由此向后发出 2 条黑色带向腹部延伸。中胸背面略隆起，侧面略向外突出。沿背中线两侧各有 1 黑色带，两条黑带向前在头部背面闭合，向后在腹部第 1 节相会，呈深"V"形。腹部第 4～8 节侧面和腹中线黑色，有棕色小斑点。

5.28.2　生活习性

在云南省西双版纳州，实验种群 1 年发生 4 代，以 3～5 龄幼虫越冬。第 2 代卵期 4 d，1 龄幼虫期 3 d，2 龄期 3 d，3 龄期 2～3 d，4 龄期 4～5 d，5 龄期 4～6 d，6 龄期 5～7 d，蛹期 7～9 d，全代历期 34～45 d。野外成虫出现于 5 月初至 10 月下旬，估计年世代数也为 4～5 代。

成虫访花，喜在草灌茂盛的溪沟边、山坡废弃农田活动（见图 5-67）。发生期间常聚集在寄主植物附近，飞行缓慢、低矮，寿命较长。卵聚集产于嫩叶、嫩梢或寄主卷须上，一个卵块最多由 38 粒卵组成。

幼虫 1～3 龄期群集性强，憩息在叶片背面，常吐丝将食物残渣和粪便黏附在一起

图 5-67　斑珍蝶成虫访花

作为藏身场所。1~2 龄幼虫取食叶片的下表皮和叶肉，3 龄后取食全叶。4 龄幼虫开始分散憩息，老熟幼虫在寄主枝叶或附近物体下化蛹。幼虫取食三开瓢后生长发育正常，取食长叶西番莲后死亡率高，不能发育至蛹期。

5.28.3　致危因素

① 环境影响。

② 栖息地破坏。

③ 过度采集和商业利用。

5.28.4　保护措施

① 将斑珍蝶列入国家保护蝴蝶名录，依法保护。

② 展开斑珍蝶资源调查和基础科学研究，为制定其针对性保护措施提供依据。

③ 加强斑珍蝶的栖息地保护和维护。

④ 开展斑珍蝶人工养殖及其他与可持续利用相关的保护工作。

⑤ 加强宣传教育，防止乱捕滥采。

第 *6* 章

中国珍稀蝶类保护对策

6.1　法　律　措　施

6.1.1　国家法律保护

我国为保护野生动植物资源，杜绝野生动植物资源不被人为破坏，在国家层面制定了一系列法律，通过法律措施对野生动植物资源进行保护。这些法律的制定实施对野生蝴蝶资源的保护具有非常积极的作用，它们通过保护蝴蝶个体、寄主植物及其栖息地免遭破坏，从而起到保护蝴蝶资源的作用。

1984 年 9 月 20 日第六届全国人民代表大会常务委员会第七次会议通过的《中华人民共和国森林法》第二十三条规定：禁止毁林开垦和毁林采石、采砂、采土以及其他毁林行为；第二十五条规定：林区内列为国家保护的野生动物，禁止猎捕。为保护、拯救珍贵、濒危野生动物，保护、发展和合理利用野生动物资源，维护生态平衡，制定了《中华人民共和国野生动物保护法》。该法律第八条规定：国家保护野生动物及其生存环境，禁止任何单位和个人非法猎捕或者破坏。1992 年 3 月 1 日林业部发布的《中华人民共和国陆生野生动物保护实施条例》第十一条规定：禁止猎捕、杀害国家重点保护野生动物。

根据《中华人民共和国野生动物保护法》的相关规定，制定并发布了国家重点保护的珍贵、濒危野生动物的名录，其中规定金斑喙凤蝶为国家一级保护动物，双尾凤蝶、三尾凤蝶、中华虎凤蝶和阿波罗绢蝶为国家二级保护动物（见表 6-1）。

表 6-1　《国家重点保护野生动物名录》规定的国家重点保护蝶类

科	属	种名：中文名（拉丁学名）	保护级别
凤蝶科 Papilionidae	喙凤蝶属 *Teinopalpus*	金斑喙凤蝶 *Teinopalpus aureus*	Ⅰ级
	尾凤蝶属 *Bhutanitis*	双尾凤蝶 *Bhutanitis mansfieldi*	Ⅱ级
		三尾凤蝶东川亚种 *Bhutanitis thaidina dongchuanensis*	Ⅱ级
	虎凤蝶属 *Luehdorfia*	中华虎凤蝶华山亚种 *Luehdorfia chinensis huashanensis*	Ⅱ级
绢蝶科 Parnassiidae	绢蝶属 *Parnassius*	阿波罗绢蝶 *Parnassius apollo*	Ⅱ级

为贯彻落实《中华人民共和国野生动物保护法》，加强对我国国家和地方重点保护野生动物以外的陆生野生动物资源的保护和管理，根据该法第九条规定：国家保护的有益的或者有重要经济、科学研究价值的陆生野生动物名录，由国务院野生动物行政主管部门制定并公布，于 2000 年 8 月 1 日以国家林业局令第 7 号发布实施《国家保护的有益的或者有重要经济、科学研究价值的陆生野生动物名录》，该名录列入了多种具有较高价值的蝴蝶，具体保护蝶类名录见表 6-2。

表 6-2　《国家保护的有益的或者有重要经济、科学研究价值的陆生野生动物名录》中的蝶类

科	中 文 名	学 名
凤蝶科 Papilionidae	喙凤蝶属（所有种）	*Teinopalpus* spp.
	虎凤蝶属（所有种）	*Luehdorfia* spp.
	锤尾凤蝶	*Losaria coon*
	台湾凤蝶	*Papilio thaiwanus*
	红斑美凤蝶	*Papilio rumanzovius*
	旖凤蝶	*Iphiclides podalirius*
	尾凤蝶属（所有种）	*Bhutanitis* spp.
	曙凤蝶属（所有种）	*Atrophaneura* spp.
	裳凤蝶属（所有种）	*Troides* spp.
	宽尾凤蝶属（所有种）	*Agehana* spp.
	燕凤蝶	*Lamproptera curia*
	绿带燕凤蝶	*Lamproptera meges*
粉蝶科 Pieridae	眉粉蝶属（所有种）	*Zegris* spp.
蛱蝶科 Nymphalidae	黑紫蛱蝶	*Sasakia funebris*
	最美紫蛱蝶	*Sasakia pulcherrima*
	枯叶蛱蝶	*Kallima inachus*
绢蝶科 Parnassiidae	绢蝶属（所有种）	*Parnassius* spp.
眼蝶科 Satyridae	黑眼蝶	*Ethope henrici*
	岳眼蝶属（所有种）	*Orinoma* spp.
	豹眼蝶	*Nosea hainanensis*
环蝶科 Amathusiidae	箭环蝶属（所有种）	*Stichophthalma* spp.
	森下交脉环蝶	*Amathuxidia morishitai*
灰蝶科 Lycaenidae	陕灰蝶属（所有种）	*Shaanxiana* spp.
	虎灰蝶	*Yamamotozephyrus kwangtungensis*
弄蝶科 Hesperiidae	大伞弄蝶	*Bibasis miracula*

6.1.2　地方性政策法规

由于不同地区蝴蝶资源具有差异性，地方性蝴蝶保护政策法规作为对国家层面法律的有效补充，其更具针对性，做到有的放矢、因地制宜。如黑龙江、江苏、广东等省为了保护、拯救珍贵、濒危野生动物，保护、发展和合理利用野生动物资源，保护野生动物栖息地，维护生态平衡，根据《中华人民共和国野生动物保护法》、《中华人民共和国陆生野生动物保护实施条例》、《中华人民共和国水生野生动物保护实施条例》等有关法律、行政法规，结合各地实际情况，制定了《黑龙江省野生动物保护条例》、《江苏省野生动物保护条例》和《广东省野生动物保护管理条例》。云南省红河州为了加强对马鞍底蝴蝶谷的保护管理，合理开发利用蝴蝶谷资源，根据《中华人民共和国

民族区域自治法》和有关法律法规，结合金平苗族瑶族傣族自治县实际情况，制定了《云南省金平苗族瑶族傣族自治县马鞍底蝴蝶谷保护管理条例》。

6.1.3 国际条约

我国于 1992 年 6 月 11 日签署《生物多样性公约》，并于 1992 年 11 月 7 日批准。该公约旨在保护濒临灭绝的植物和动物，最大限度地保护地球上的多种多样的生物资源，以造福当代和子孙后代。该公约主要目标为：保护生物多样性、生物多样性组成成分的可持续利用、以公平合理的方式共享遗传资源的商业利益和其他形式的利用。

国际公约旨在通过各缔约国政府间采取有效措施，加强贸易控制来切实保护濒危野生动植物种，确保野生动植物种的持续利用不会因国际贸易而受到影响。1973 年 3 月 3 日，有 21 个国家的全权代表受命在华盛顿签署了《濒危野生动植物种国际贸易公约》（CITES），又称《华盛顿公约》。1975 年 7 月 1 日，该公约正式生效，我国于 1981 年正式加入公约。该公约制定了一个濒危物种名录，通过许可证制度控制这些物种及其产品的国际贸易，由此而使该公约成为打击非法贸易、限制过度利用的有效手段。该公约要求各国对野生动植物进出口活动，实行许可证/允许证明书制度，建立有效的双向控制机制。该公约附录中列入了多种蝴蝶种类，其中尾凤蝶属、阿波罗绢蝶、裳凤蝶属、喙凤蝶属在我国有分布，具体蝴蝶名录见表 6-3。

表 6-3 《濒危野生动植物种国际贸易公约》（CITES）附录中的蝶类

中 文 名	学 名	限制级别
亚历山大鸟翼凤蝶	*Ornithoptera alexandrae*	附录Ⅰ
吕宋凤蝶	*Papilio chikae*	
荷马凤蝶	*Papilio homerus*	
科西嘉凤蝶	*Papilio hospiton*	
斯里兰卡曙凤蝶	*Atrophaneura jophon*	附录Ⅱ
印度曙凤蝶	*Atrophaneura pandiyana*	
尾凤蝶属（褐凤蝶属）所有种	*Bhutanitis* spp	
鸟翼凤蝶属所有种（初被列入附录Ⅰ的物种）	*Ornithoptera* SPP.	
阿波罗绢蝶	*Parnassius apollo*	
裳凤蝶属所有种	*Troides* spp.	
喙凤蝶属所有种	*Teinopalpus* spp.	
红颈鸟翼凤蝶属所有种	*Trogonoptera* spp.	

这些国际合约以及国家法律法规，为保护和合理开发利用蝴蝶资源、维护生态平衡，提供了强有力的法律保障。但也在一定程度上存在着执法不严和有法不依的现象，

致使破坏生态环境的违法事件得不到应有的处罚和制裁。不少地区还普遍存在着以罚款代替执法的现象，影响了执法的效果和依法监督管理的作用。因此，应加强宣传力度和执法力度，认真督促实施，真正做到有法必依、执法必严、违法必究。

6.2 宣传与公众参与

生物多样性与环境的保护，不仅要依靠生物学家、生态学家的研究和专业技术人员的保护工作，更需要社会公众的关注和重视。公众是环境保护的最终受益者，也是环境保护的主要参与者，所以，保护蝶类生物多样性资源，还有赖于公众的积极参与。公众参与有利于提高公民环境意识，是实现可持续发展战略目标的必然选择及保证。教育公众，宣传公众，有助于提高公众对蝶类生物多样性的重要性和保护必要性的认识。通过宣传普及蝴蝶生物多样性资源保护知识，使公众认识蝴蝶的重要价值和目前所面临的威胁，从而自觉加入到蝴蝶生物多样性保护中来是至关重要的，也是行之有效的方法。例如社区宣讲、设置蝴蝶知识和保护宣传栏等，让公众自觉采取行动，减少农药的使用和对蝴蝶栖息地的破坏；对学生进行蝴蝶生物多样性资源保护的知识教育，组织蝴蝶保护夏令营等，让他们了解蝶类的生存、发展与自然环境息息相关，保护环境是实现保护蝴蝶资源的重要途径等。

6.2.1 媒体宣传

媒体宣传的主要形式有电视、广播、报纸、杂志、互联网等，他们在实现监测社会环境、协调社会关系、传承文化、提供娱乐、传递信息等功能外，也有教育大众、引导大众价值观的作用。要充分利用各种宣传媒体，广泛宣传国家有关野生动物保护的法律、法规和规章，以及保护野外蝴蝶资源的重要意义，使人们更进一步提高保护生物资源的意识。如中国中央电视台拍摄的《蝶舞我心》、《蝴蝶的养殖与加工》、《走进蝴蝶谷》、《化蝶成金》、《森林之歌·竹语随风》、《彩蝶纷飞招招怪》，以及与台湾合拍的《绽放真台湾之蝴蝶密码》等纪录片在向公众展示蝴蝶美丽、传颂蝴蝶价值、科普蝴蝶知识的同时，也提高了公众珍惜、保护蝶类多样性的意识。

6.2.2 自然博物馆蝴蝶保护宣传

自然博物馆可以进行物种保护的宣传教育工作，唤起广大公众的生态保护意识。近年来，我国的自然博物馆在生物多样性的重要性方面，作了大量的宣传教育工作，使人们对保护环境、保护生物多样性与社会可持续发展的关系，有了较清晰和更深入的认识。在濒危物种及生物多样性的保护方面，博物馆在实物标本的基础上，加强环境保护的宣传教育力度，通过开展相关的延伸教育活动、举办科普知识讲座、出版科普读物、播放自然保护方面的专题纪录片、举办自然标本进校园、进社区活动等多种方式，提高了全民的环境保护意识和主动参与意识，普及了相关的科学知识。通过集直观性、趣味性、探索性、互动性为一体的博物馆独特教育模式，将翩翩飞舞的蝴蝶以及天地之间万种生灵的绚丽多姿以多样的方式呈现和表达出来，使环保意识根植于少年儿童的心中，引导社会公众特别是少年儿童感受和领略自然之美，让他们在欣赏赞叹之中，由爱生怜，由趣生惜，潜移默化地萌发出保护拯救濒危蝴蝶以及生物多样性的生态保护意识。

6.2.3 活体蝴蝶园保护宣传

随着社会的不断进步，在人们的物质生活得到相对满足之后，必然在精神需求方面提出更多、更高的要求。作为休闲观赏的蝴蝶园，也就是在这样一种大背景下应运而生的。蝴蝶园是以缤纷舞动的蝴蝶及其模拟自然环境为核心的蝴蝶景观与以大量花卉（尤其是蝴蝶蜜源植物）、观赏植物及其硬质环境空间为烘托的园林景观的巧妙结合，是对自然景观进行人工浓缩和经典提炼的有益尝试。截至目前，全国先后建立了30多座蝴蝶园，其中经营效益较好的有大理蝴蝶泉公园、成都欢乐谷蝴蝶园、北京植物园蝴蝶园等。除了蝴蝶园带来的巨大经济利益外，还能宣传自然，对保护自然具有信息传递作用，其中更多的是对中小学生良好的宣传教育作用。如在江苏省无锡市开展的蝴蝶园展览中，所有进入蝴蝶馆的游客中，约有25%至35%的游客为中小学生，他们都是在家长或老师的陪同下来到蝴蝶馆。由于城市生态环境的改变，多数学生是第一次见到五彩缤纷的蝴蝶，喜悦之情溢于言表。园内自然出现了南宋诗人杨万里在《宿新市徐公店》里描述的景象："儿童急走追黄蝶，飞入菜花无处寻"。在工作人员的讲解下，参观的学生不仅学会识别多种蝴蝶，学到丰富的蝴蝶知识，也培养了他们保护环境、热爱自然的情怀。

6.3 技 术 措 施

6.3.1 保护和恢复蝴蝶生境

《全球生物多样性策略》指出："保持物种的最佳途径是保持它们的生境"。全面保护蝴蝶赖以生存和发展的生境，使其免遭生态破坏与环境污染，是保存蝴蝶生物多样性、保证蝴蝶生物多样性资源永续利用的关键所在。目前，保护蝴蝶生境所采取的措施主要包括以下几项。

第一，建立自然保护区，保护珍贵的蝴蝶资源以及蝴蝶赖以生存的栖息地。2008

年全国自然保护区总数达到 1 757 个，总面积 1.33 亿 hm²，已占国土面积的 13.20%。这些自然保护区的建设对蝴蝶的栖息地和生物多样性资源的保护起到了非常重要的作用。例如我国建立的福建武夷山自然保护区，对保护濒危与珍稀蝶种有重要意义，其中受保护的蝶类就有金斑喙凤蝶、金裳凤蝶等蝶种；在工作人员对天目山自然保护区现有中华虎凤蝶栖息地和寄主植物资源的保护下，科研人员发现，中华虎凤蝶的数量有所增加，种群在不断增大；2011 年夏季通过对位于大别山腹地小岐岭两侧的安徽鹞落坪国家级自然保护区和湖北桃花冲国家级森林公园的蝶类多样性进行调查研究，结果表明保护区样地的蝶类多样性及均匀性明显高于非保护区样地，设立自然保护区对提高当地植物及蝶类的物种多样性具有明显效果；2004 年，通过对湖北省后河国家级自然保护区蝴蝶资源的调查，证明蝴蝶群落结构能较好地保持，与近年来丰富的植被资源免受人为干扰等有密切关系。

第二，采取人工措施，改善和恢复蝴蝶栖息的生态环境。加强园林绿化、植树、种花以及种草等办法，为蝴蝶提供更多、更新、更好的栖息之地，可以使蝶类群落和种群结构更加稳定和健康。近几年国家加强生态环境建设，实行退耕还林、退耕还草，在这些人工林种植过程中，可适当地种植一些既有经济价值也是蝶类寄主的树种，以便改善蝴蝶的栖息环境。例如多种植檫树和马褂木等可增加珍稀蝶种宽尾凤蝶的数量；台湾相关部门也呼吁每户人家在自家庭院种植蝴蝶寄主植物，为蝴蝶营造良好的栖息环境；提高生境质量、增加生境面积、丰富生境类型、提高生境异质性、加强功能生境的保护，对城市蝶类多样性保护有重要意义；在甘肃省白水江自然保护区碧峰沟，长尾麝凤蝶种群结构为源 - 汇种群，但汇种群斑块距源种群斑块较远，个体补充少，因此，在中心部位建立一个廊道斑块，有利于斑块之间的个体交流。

第三，封山育林，促进生态环境恢复。在自然条件适宜的山区，实行定期封山，减少人为破坏活动。通过人工促进天然更新和植物群落自然演替，恢复森林植被，能有效恢复蝴蝶原有的栖息环境。

6.3.2　控制蝴蝶天敌

在自然生态系统中，蝴蝶处在食物链的较低端，被很多次级消费者所取食，如鸟类、蚂蚁、田鼠、椿象、步甲等。蝴蝶的各个虫态也容易被天敌寄生，这类天敌主要是寄生蜂类、寄蝇、病原微生物，这些天敌在一定程度上制约着蝴蝶种群的发展。一个地区以保护蝴蝶生物多样性为主时，利用一些手段去适度控制蝴蝶天敌是保护蝴蝶生物多样性资源的有效措施。人为驱赶捕食蝴蝶幼虫的鸟类天敌；用水池水沟隔离等措施可以有效地控制蚂蚁，防止其危害蝴蝶幼虫，从而达到保护蝴蝶资源的目的；借助于在长尾虎凤蝶发生地就近营造细密网室（70～80 目），实践证明，可以有效减少天敌捕食，将成功羽化后的成虫释放到野外生境，具有增加野外种群数量的良好作用。

然而凡事有利也有弊，蝴蝶的天敌当中也有很多是农林业害虫的天敌。如果这类措施使用不当，有可能导致该地区虫害泛滥，使生态系统的稳定性遭到破坏，所以人要在先行试验的基础上谨慎行事。

6.3.3 监控野外捕采和非法标本贸易

受利益的驱动，蝴蝶栖息地居民大量捕捉野生蝴蝶与蝶商进行非法交易，是蝴蝶受威胁的重要因素之一。对于数量较大的蝴蝶种群，可允许一定程度的人为采集，但必须以科学调查和研究结论作为依据，严格监控采捕数量，防止对种群造成不可逆的破坏；对于以研究为目的采集应需建立完善的许可机制，在许可范围和数量的情况下进行采集，不致影响种群更新和生存；对于数量已经很低的种群以及国家法律、国际条约保护的蝶种，以商业为目的采集行为要坚决杜绝，必需严加限制，过度人为采集有可能是毁灭性的，应加大对这些蝶种分布区域的巡视力度，鼓励当地居民举报不法捕捉行为，以法律为准绳，严格执法，对不法分子进行处罚。应该从蝴蝶贸易源头开始查处，因为，"没有买卖，就没有杀害"。

6.3.4 蝴蝶人工养殖

蝴蝶人工养殖建立在对蝴蝶全虫态生物学特性了解的基础上，一般包括蝶种采集、产卵孵化、幼虫饲养、化蛹和成虫饲养等多个阶段。蝴蝶与哺乳动物不同，其怀卵量多、生殖潜力大，有计划地开展人工饲养研究对目前的野外种群数量的保护，意义重大。

蝴蝶养殖能带来巨大的社会效益、经济效益以及生态效益。首先，现在市场上蝴蝶工艺品、蝴蝶放飞所用蝴蝶主要来源于野外捕捉，蝴蝶人工养殖能为蝴蝶产业开发提供大量优质蝴蝶产品，能有效抑制不法蝶商对野外蝴蝶的捕捉；其次，蝴蝶人工养殖是一种无农药使用、零污染的绿色产业，对改变农村经济产业结构有重要意义。它能解决养殖场当地农民的经济问题，使得他们的经济情况和生存质量得到改善。蝴蝶养殖可以为村民提供另一种收入来源，以替代砍伐树木、挖掘蝴蝶寄主植物等破坏生态环境带来的收入，使得蝴蝶个体及其生境免遭破坏；第三，将人工养殖蝴蝶放飞到自然界，也可以使自然界的蝴蝶种群得到科学补充，是一种蝴蝶资源的积极保护模式，它可以使自然界中濒危的蝴蝶种群得到快速恢复，从而维系生态系统的平衡。

在甘肃白水江自然保护区东南部边缘的碧峰沟，自然种群幼虫期的死亡率为79.4%，而人工养殖种群幼虫期的死亡率为11.4%，主要原因是人工饲养可以减少天敌的捕食和异常气候的影响。因此，通过人工饲养的方法，将幼虫从野外采回人工饲养，可以增加种群数量；为了保护和利用金斑喙凤蝶，有机构开展了对该蝶的人工饲养工作，连续 3 年饲养量已达到 200 头以上，初步建立了一个小型的保护园。对玉龙尾凤蝶进行的人工养殖试验，也取得了初步成功，并已向野外成功放飞了羽化成虫 50 只，对野外种群的恢复具有一定意义。对苎麻珍蝶的成功养殖，完全可以满足市场对苎麻珍蝶的需求，还可用于科研、资源保育，从而有效防止了对野外苎麻珍蝶资源的破坏。

6.3.5　蝴蝶科学研究

首先，深入调查蝴蝶生物多样性的本底资源。物种水平的生物多样性编目是了解物种多样性现状包括受威胁状况及特有程度等最有效的途径。只有充分了解蝴蝶生物多样性资源及其生存状况后才能更好地实施有效保护和合理利用。中国的蝴蝶生物多样性，经过我国几代蝶类工作者的多年调查研究，已经取得了显著的成果。周尧教授 1994 年主编出版了《中国蝶类志》，该书是中国目前记载蝴蝶种类最全的一部巨著，基本摸清了中国蝴蝶的资源状况，系统编排了中国蝴蝶分类系统，堪称中国蝴蝶生物多样性编目的划时代的科学成就；武春生分别于 2001 年和 2010 年主编出版了《中国动物志·昆虫纲·鳞翅目·凤蝶科》和《中国动物志·昆虫纲·鳞翅目·粉蝶科》；王敏与范晓玲 2002 年出版了《中国灰蝶志》；另外全国各地如江西、云南、河南、吉林、辽宁、黑龙江等诸多省份蝴蝶工作者也编辑出版了地方蝶类志，很多国家自然保护区、森林公园也进行了蝴蝶资源本底调查。

其次，开展蝴蝶生物学特性研究。对蝴蝶生物学的充分了解，是有针对性采取保护措施的理论基础。现今蝴蝶生物学特性研究主要内容包括：

① 蝴蝶的形态特征研究。包括蝶卵、幼虫、蛹和成虫的颜色、大小、形状、结构等形态特征。

② 蝴蝶的生活史研究。包括蝴蝶卵、幼虫、蛹和成虫的习性、历期、发生的规律以及年世代数等。

③ 蝴蝶滞育研究。包括蝴蝶滞育产生的机理，不同蝴蝶滞育现象的发生规律，光照、温度、湿度等自然因素对蝴蝶滞育的影响，滞育与非滞育蝴蝶虫体物质成分的测定与分析等。

④ 蝴蝶的天敌研究。包括蝴蝶卵、幼虫、蛹和成虫等各个阶段所遇到的昆虫、鸟类、蜘蛛、病原微生物等天敌观察及防治技术。

⑤ 蝴蝶的蜜源及寄主植物研究。到目前为止，已见报道的蝴蝶寄主植物的生物学特性研究，涉及约 150 多种蝴蝶。

第三，开展蝴蝶养殖技术研究。开展蝴蝶养殖技术研究是以人工养殖蝴蝶保护野外资源为理论基础，对蝴蝶保护具有重要意义。目前蝴蝶养殖技术研究主要内容包括：

① 优良寄主植物的筛选、种植研究。

② 优良蜜源植物的筛选与种植研究。

③ 蝴蝶寄主养殖生物学研究。

④ 不同虫态养殖方法研究。

⑤ 成虫及幼虫人工饲料研究。

⑥ 规模化人工繁育研究。

到目前为止，见报道的主要有枯叶蛱蝶、苎麻珍蝶、燕凤蝶、碧凤蝶、柑橘凤蝶 *Papilio xuthus* Linnaeus、裳凤蝶、金裳凤蝶、青凤蝶 *Graphium sarpedon*（Linnaeus）、丝带凤蝶、麝凤蝶、玉带凤蝶、中华虎凤蝶、红珠凤蝶 *Pachliopta aristolochiae*（Fabricius）等数十种蝴蝶的养殖技术研究。

第四，开展蝴蝶保护生物学研究。目前蝴蝶保护生物学研究主要内容包括：濒危机制研究、生存机制研究、生存现状研究、威胁因子分析、保护措施研究、分布生境情况调查、种群生物学研究等。如利用多样性指数和种群动态相结合，建立竞争指数对小红珠绢蝶 *Parnassius nomion* Fischer Von Waldheim 东灵山种群的濒危机制进行分析。结果表明：小红珠绢蝶的竞争指数在不同年份的下降过程中有不同的变化。以此为依据可以准确地判断出对该种群动态影响的环境因子。

6.3.6　迁地保护

迁地保护作为就地保护的补充，可以对受威胁和稀有动物物种及其繁殖体进行长期保存、分析、试验和增殖。这对于野外种群数量急剧下降、各虫期均暴露于高山多雾的危险环境中的金斑喙凤蝶来讲尤为重要。应在进行金斑喙凤蝶分布区调查的同时，调查了解其寄主植物，对生态环境的要求，年发生代数等生物学特性，及时采取人工饲养、人工助迁扩大分布区等保护金斑喙凤蝶的积极措施；对三尾凤蝶而言，在原栖息地生态环境相近地区，建立人工园，种植其寄主植物宝兴马兜铃进行迁地保护。

6.3.7　加强基础建设

我国蝴蝶资源丰富的地区，大多是森林植被保护较好的贫困山区。这些地区交通、通讯不方便，水利等基础设施落后，盗伐森林、乱捕乱猎等各种违法行为时有发生，但却不能及时发现和制止这些破坏活动。近年来，林业基础性建设地位得到提升，资金投入增加，管理加强，林区基础建设不断完善。基础设施得到加强后，能及时有效发现并制止类似不法行为，防止蝴蝶资源被破坏。同时，良好的基础设施，能很好地预防森林火灾，避免因火灾而导致森林生态系统中蝴蝶个体、种群和群落产生毁灭性打击。另一方面，良好的基础建设也有利于蝴蝶资源的合理利用开发，促进当地社区经济发展。如金平马鞍底蝴蝶谷，在保护地区修建界碑、蝴蝶保护提示牌等，以期尽可能减少对蝴蝶资源的破坏，同时修建公路还能带动沿线蝴蝶资源的开发。但这是一把双刃剑，它在带动蝴蝶资源保护的同时，也会对蝴蝶栖息地产生一定的破坏作用。因此，必须要进行科学规划、因地制宜、适度开发。

6.4　蝶类多样性可持续利用与保护

在蝶类多样性保护行动中，有一个共同特点，就是强调绝对保护，即仅仅针对蝴蝶生物多样性资源采取保护措施。保护工作必须依赖于政府、国际保护组织或民间环保组织提供资金，没有这些支持，保护工作就很难开展。而忽略了当地社区的经济发展需求以及对保护对象的合理利用，则保护行动亦很难落实。长此以往，这样的保护行动就难以得到社区广大民众的理解、支持和积极参与，是不可持续的，也不符合我国的国情。所以，现有的绝对保护措施，在具体操作过程中阻力重重。

实践证明，保护与利用协调发展，即将蝴蝶资源的保护与蝴蝶资源的利用有机结合，是解决上述问题的有效方法。保护是利用的前提，利用是保护的目的。因此，要辩证地认识资源保护与利用的关系，一切不利于可持续利用的保护在我国是根本行不通的，从而也就失去了保护的意义；同理，不加保护的开发利用一定是不可持续的。蝴蝶资源保护和利用不是两个完全对立的方面，它们完全可以相互促进。蝴蝶生物多样性保护的目的，就是为了实现蝴蝶资源的可持续利用，而蝴蝶资源的可持续利用将会更好地促进蝴蝶资源的保护，使生物多样性保护的价值最大化。只有确保可持续地利用蝴蝶资源，通过从蝴蝶资源利用带来的利润中，抽取一定比例的资金投入到蝴蝶生物多样性资源保护之中，同时通过对蝴蝶资源一些利用形式也会促进蝴蝶生物多样性保护，从而形成保护与利用的良性互动，以蝴蝶生物多样性资源可持续利用的方式的科学安排，也会促进蝴蝶生物多样性资源的保护，使蝴蝶的生物多样性保护不再是单纯的投入。这样，才能兼顾经济效益、社会效益和生态效益，使蝴蝶生物多样性资源的开发利用步入良性循环轨道。

蝴蝶资源的保护性利用应该包括三个方面：蝴蝶人工养殖、蝴蝶野外放飞、蝴蝶产业开发。蝴蝶人工养殖既能为自然界和蝴蝶产品开发提供蝴蝶成虫，还能解决养殖场当地农民的经济问题，抑制对野外蝴蝶的捕捉。蝴蝶野外放飞是将蝴蝶成虫适量放飞到自然界，使自然界的蝴蝶种群得到科学补充，是一种蝴蝶资源的积极保护模式，它可以使自然界中濒危的蝴蝶种群得到快速恢复，从而维系生态平衡。蝴蝶产业开发是指以蝴蝶为主题的旅游观光业及其文化产品和工艺品的开发，它是对蝴蝶资源的利用过程。蝴蝶主题公园能让人们更多的了解自然，达到宣传公众、热爱自然、保护环境的目的。

第 7 章

珍稀蝶类保护行动计划

—以云南省金平县马鞍底乡箭环蝶为例

保护行动计划（Conservation Action Planning，CAP）是大自然保护协会（The Nature Conservancy，TNC)根据自己与成功基金会(Foundation of Success)、世界自然基金会（World Wildife Fund）已经执行的大量项目情况，以及众多一线保护工作者的实践经验，编制的一套行之有效的与人类生存和发展息息相关的重要自然和文化对象的保护方法。

CAP 遵循确定保护目标和保护对象、制定保护对策、开展保护行动、评估保护成效的适应性管理框架（adaptive management framework），有专门开发的配套软件系统（Excel 工作表和 Miradi 软件）。这一方法主要应用于物种、保护地、生态系统、景观、流域和海域保护等领域，同时它也被成功地修改为用于考古、文化和精神等领域的规划。

到目前为止，CAP 方法已被美洲、澳洲、非洲、欧洲及亚洲的许多国家和地区所采用。玻利维亚和秘鲁已经明确将 CAP 作为一种官方的保护地规划方法；在马达加斯加，每个国家公园项目的资助者都要求被资助者使用 CAP 方法编制规划。此外，不同的国家和国际保护组织还使用 CAP 的改编版本用于不同类型的自然或文化项目保护规划。

2000 年，CAP 由大自然保护协会引入中国，并实际应用于北京松山、上海崇明区东滩鸟类国际级自然保护区、长江上游珍稀特有鱼类保护区、云南丽江老君山国家公园和拉市海、梅里雪山、香格里拉大峡谷、北高黎贡山等 10 多个项目的保护行动实践，并且取得了令人满意的积极效果。

近年来，社会各界展开了对蝴蝶的保护行动，蝴蝶资源破坏得到了一定程度的缓解。由于 CAP 方法具有逻辑严密和针对性强的特点，2013 年，该方法第一次尝试性用于昆明金殿国家森林公园的蝶类多样性保护，但是直到现在，还没有一个更具说服力的 CAP 成功案例。

云南省红河哈尼族彝族自治州金平苗族瑶族傣族自治县的马鞍底乡，是目前我国业已发现的箭环蝶主要集中分布区。箭环蝶在该地区的生存状态正在受到来自自然和人为的多重威胁，如不采取积极有效的保护措施，在不久的将来，这一宝贵资源将很快从地球上消失。为此，笔者结合《中国珍稀蝶类保护策略研究》、《全国珍稀昆虫保护行动计划》、《中国珍稀蝶类栖息地维护保护试点》、《金平县珍稀蝶类栖息地维护与改善试点》等课题的研究工作，开展了针对马鞍底箭环蝶 CAP 的策划和实践。

7.1　马鞍底自然地理概况

7.1.1　地理位置

马鞍底乡（蝴蝶谷）位于云南省东南部红河州金平县境内，地理坐标为北纬 22°36′ 至 22°50′，东经 103°25′ 至 103°36′。整个区域地处北回归线以南，属北热带、南亚热带的过渡区域。著名的哀牢山脉从这里延伸进入越南。这里地处边境，交通不便，其东南、西南部均与越南接壤。

7.1.2 地形地貌

马鞍底乡地处著名的哀牢山南段，哀牢山山脉呈北西—南东方向延伸。在区内东北部是红河河谷，总体上属复杂山地地形，地势西高东低，西部是哀牢山山脉南段分水岭（五台山）山脊。区内最低海拔位于红河与龙脖河的交汇口，海拔仅 105 m，最高海拔位于西部的五台山山顶，海拔 3 012 m，相对高差达到 2 907 m。由于红河及其支流的切割，使得区内溪流、峡谷发达、地形变化激剧，新桥河、卡房河、龙脖河及其二、三级支流将马鞍底乡的地形分割、深切，并复杂化。

宏观上，红河河谷是云南省地貌分区的一级界线，红河以北地区为云贵高原的滇东南边缘喀斯特高原，以南为滇西纵谷区。马鞍底乡位于红河南岸，地貌由红河河谷地貌和侵蚀中山山地地貌组成，山体海拔多在 500～3 000 m，多是由花岗岩、花岗片麻岩、片麻岩等侵入岩、变质岩侵蚀地貌组成的褶皱山系。山坡多为凸形坡，坡度一般在 20°～30°。在地形转折带地形坡度陡，多在 30°以上。因而峡谷、瀑布、溪流跌水、河漫滩、深潭、陡崖是区内常见的景观地貌类型（见图 7-1）。

7.1.3 气候特征

马鞍底乡位于热带、亚热带季风气候区，具有北热带向南亚热带过渡的气候特点。由于地形、地貌的影响，立体气候特征显著。年平均气温在 18℃。

沿红河河谷和低海拔地区，气候具有热带特征。气温高、炎热潮湿。年平均气温在 21℃。

在中山地区，随海拔增加，气温逐渐降低，呈现出温暖湿润、多雾多雨的气候特点。年平均气温在 17℃左右。

在中高地区，随着海拔升高，气候越来越冷凉湿润。年平均气温大约 15℃。

马鞍底区域内年降雨量在 1 250～1 800 mm。降雨量随海拔增加而增加，河谷地区降雨量在 1 250 mm 左右，中山区则可达到 2 000 mm（分水岭区）。

7.1.4 水文特征

马鞍底属红河水系，由于降雨量充沛，区内水系发育，红河一级支流新桥河、卡房河、龙脖河呈树杈状伸入区内。受降水节律的影响，这些河流具有山区河流的典型流态特征。河床纵坡降大，汇水迅速，水流湍急，降雨或暴雨后迅速形成山区洪流排泄，使得河流流量变幅巨大，水动力强。在河谷中略平缓的地带，常形成冲洪积砾石

图 7-1　马鞍底乡地形地貌

河滩，河道中常见巨大的岩石堆积。

河流溯源侵蚀作用强烈。由于地形、地貌及周围岩石强度、完整性、断裂和裂隙的限制，红河支流河道内常形成瀑布、跌水景观。

区域内广泛分布着花岗岩、混合岩、花岗片麻岩、片麻岩等侵入岩和深变质岩。成岩作用、长期的构造作用和风化作用，使岩体产生较多的成岩裂隙、构造裂隙和风化裂隙。地表水沿裂隙下渗，形成侵入岩、变质岩裂隙水或风化裂隙水。其水量虽小，但能均衡地向河谷地带循环、运动并排泄，保持了风化带（裂隙）始终处于湿润状态"形成山有多高水有多高"的现象，维持着良好的植物生长环境（见图7-2）。

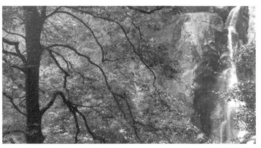

图 7-2　马鞍底乡红河流域景观

7.1.5 土壤特征

在成土母岩，气候环境及生物作用等多种因素控制下，区内土壤变化较为明显。哀牢山的抬升、红河的切割，以及变质岩群与侵入岩体的风化，使得区内的土壤分布也具有一定的分带特征。

① 海拔在 1 500 m 以下区域，主要以砖红壤、红壤为主。

② 海拔在 1 500～2 400 m 范围内，主要分布黄壤。

③ 海拔在 2 000～2 900 m 以上区域，主要分布黄棕壤。

长期的风化作用，使得区内大部分地区风化带发育，尤其是地形相对平缓的区域，花岗岩、花岗片麻岩和片麻岩类岩石遭到强烈的风化，风化带厚度可达数十米。表层土壤化彻底，土壤有机质及各种元素丰富，加之水循环条件良好，土壤水分、肥力充足，植被生长茂盛。

7.1.6 地质特征

马鞍底大地构造位置属特提斯—喜马拉雅构造域和环太平洋构造域的交接部位，按板块学说的观点，本区位于扬子板块与青藏滇板块交接地带，红河大断裂就是缝合带。哀牢山地质体是通过哀牢山断裂从扬子板块基底推覆而来。马鞍底就位于哀牢山地体上。

由于经历了长期的地质演化，致使该区域地质构造复杂，变质作用、岩浆活动强烈，受区域构造格向的控制，区内主要断裂、变质岩体、山脉走向呈北西—南东向展布。哀牢山变质岩属复杂变质岩，是多期次、多类型变质作用的结果。主要有片麻岩、混合岩、角闪岩、片岩、变粒岩等类型（见图 7-3）。

图 7-3　马鞍底乡地质构造景观

7.2　马鞍底植被与植物资源

7.2.1　植被

7.2.1.1　植被概况

金平县马鞍底乡在中国植被区划上属于热带雨林、季雨林区域，西部北热带季节性雨林地带，滇东南中山峡谷季节性雨林区。

该地区的植被在 900 m 以下地区的沟谷分布有热带季节性雨林。热带季节性雨林具有与东南亚低地热带雨林几乎一样的群落结构和生态外貌特征，是亚洲热带雨林的一个类型。热带季节性雨林以番龙眼（*Pometia tomentosa*）、望天树（*Parashorea chinensis*）、东京龙脑香（*Dipterocarpus retusus*）、仪花（*Lysidice rhodostegia*）、无忧花（*Saraca dives*）等为乔木层代表种，其次生植被主要是以中平树（*Macaranga denticulata*）、毛桐（*Mallotus barbatus*）、山黄麻（*Trema orientalis*）等组成的次生林。

在海拔 1 000～1 500 m 的一些潮湿沟谷，分布有热带山地雨林。热带山地雨林是热带雨林的山地亚型，隶属于广义热带雨林植被型下的低山雨林亚型。山地雨林在组成以无患子科的韶子（*Nephelium chryseum*）、金缕梅科的阿丁枫（*Altingia excellsa*）、马蹄荷（*Exbucklandia populnea*）、山榄科的滇木花生（*Madhuca pasquieri*）为特征。

在海拔 1 000～2 300 m 地区的山坡，主要分布有季风常绿阔叶林，也有人称"湿性季风常绿阔叶林"，它是发生在受地区性季风气候强烈影响的偏干的山地生境中的一种热带山地植被类型。季风常绿阔叶林主要由常绿阔叶的壳斗科、大戟科、樟科、山茶科等树种组成，如杯状栲（*Castanopsis calathiformis*）、刺栲（*Castanopsis hystrix*）、小果栲（*Castanopsis fleuryi*）、香叶树（*Lindera communis*）、细毛润楠（*Machilus tenuipila*）、长梗润楠（*Machilus longipedicellata*）、红木荷（*Schima wallichii*）、赤杨叶（*Alniphyllum fortune*）、马蹄荷（*Exbucklandia populnea*）、五瓣子楝树（*Decaspermum fruticosum*）、黄杞（*Engelhardtia roxburghiana*）等。

在海拔 2 300 m 以上的山地，分布有苔藓常绿阔叶林和山顶苔藓矮林，它们以金缕梅科、壳斗科、木兰科、山茶科和野茉莉科植物为主要优势科，灌木层具有竹类片层，在较低海拔以滑竹（*Yushania polytricha*）为主，较高海拔以金平玉山竹（*Yushania bojieiana*）为主。苔藓常绿阔叶林主要分布在海拔 2 300～2 700 m 的区域，它们以壳斗科的倒卵叶石栎（*Lithocarpus pachyphylloides*）、金缕梅科的红花荷（*Rhodoleia Championii*）、木兰科的长蕊木兰（*Alcimandra cathcartii*）、红花木莲（*Manglietia insignis*）、杜鹃花科的露珠杜鹃（*Rhododendron irroratum*）、米饭树（*Vaccinium mandarinorum*）等为常见种。山顶苔藓矮林则主要分布在海拔 2 700 m 以上山顶、山脊、或陡坡山地，以陷脉冬青（*Ilex delavayi*）、厚叶杜鹃（*Rhododendron sinofalconeri*）、美丽马醉木（*Pieris Formosa*）等为常见种。

图 7-4　马鞍底乡后山植被现状——次生林与
人工杉木林镶嵌分布

马鞍底海拔 2 000 m 以下的区域，现在大部分林地均为次生植被、人工林、灌草丛及农业用地。仅在一些箐沟与陡坡上，还残留有部分的原始森林植被。然而，即便是残留的原始森林植被，林下也大多种植或曾种植了药用植物草果。林下灌草层植物多样性受到较大影响。保存比较好的森林植被主要是分布在海拔 2 000 m 以上的区域。故这一地区的生物多样性保护仍十分迫切（见图 7-4）。

7.2.1.2　主要植被类型

（1）热带季节性雨林。

热带季节性雨林主要以望天树、番龙眼、北越龙脑香、无忧花林为代表，分布在马鞍底的四台河、拉灯电站等低海拔（900 m 以下）沟谷。这一类型的原始森林植被在本地区内多已遭到破坏，现仅见一些残存片断。热带季节性雨林是植物多样性最丰富的植被类型，也最具保护价值（见图 7-5）。

（2）望天树、番龙眼林。

群落高达 40 m，望天树（*Parashorea chinensis*）作为上层乔木散生巨树，高举于林冠之上。乔木上层高约 30~40 m，在乔木上层中，还常见有番龙眼（*Pometia tomentosa*）、三角榄（*Canarium bengalense*）、八宝树（*Duabanga grandiflora*）、翅果刺桐（*Erythrina Subumbrans*）、浆果乌桕（*Sapium baccatum*）、四瓣崖摩（*Amoora tetrapetala*）、白榄（*Canarium album*）等。乔木中层高 15~30 m，常见树种有大果核实木（*Drypetes perreticulata*）、东京桐（*Deutzianthus tonkinensis*）、藤春（*Alphonsea monogyna*）、檬果樟（*Caryodaphnopsis tonkinense*）、仪花（*Lysidice brevicalyx*）、细子龙（*Amesiodendron chinense*）等种类。乔木下层以二室棒柄花（*Cleidion spiciflorum*）为优势种，其他见有菩柔树（*Trigonostemon thyrsoideum*）、木奶果（*Baccaurea ramiflora*）、倒卵叶黄肉楠（*Actinodaphne henryi*）、聚果榕（*Ficus racemosa*）、山蕉（*Mitrephora maingayi*）、阔叶蒲桃（*Syzygium latilimbum*）、短药蒲桃（*Syzygium brachyantheum*）、单穗鱼尾葵（*Caryota monostachya*）、桃榔（*Arenga pinnata*）等。

灌木层以长花腺萼木（*Mycetia longiflora*）、双籽棕（*Didymosperma caudatum* var. *tonkinensis*）、山麻杆（*Alchornea davidii*）多度较大。草本层以山壳骨（*Pseudaeranthemum latifolium*）、小果野芭蕉（*Musa acuminate*）、云南柊叶（*Phrynium tonkinense*）、箭根薯（*Tacca chantrieri*）、越南万年青（*Aglaonema pierreanum*）、球花马兰（*Strobilanthus pentstemonoides*）等较常见（见图 7-6）。

图 7-5 残留在沟谷的热带季节性雨林　　　　图 7-6 国家 I 级保护植物望天树（四台河）

藤本植物常见有华马钱（*Strychnos cathayensis*）、毛扁蒴藤（*Pristimera setulosa*）、赤苍藤（*Erythropalum scandens*）、藤漆（*Pegia nitida*）、景洪崖爬藤（*Tetrastigma jinghongense*）、翼核果（*Ventilago leiocarpa*）、刺果藤（*Byttneria integrifolia*）等。附生植物以剑叶崖角藤（*Rhaphidophora lancifolia*）、螳螂跌打（*Pothos scandens*）、香港崖角藤（*Rhaphidophora hongkongensis*）、巢蕨（*Neottopteris nidus*）等为多见（见图 7-5）。

（3）东京龙脑香、无忧花林。

分布海拔较望天树、番龙眼林低，主要在一些陡峻幽深的峡谷中，在《云南植被》中也称湿润雨林。群落高达 40 m，乔木层大致分为三层：乔木上层高约 30 m 以上，层盖度 20%～40%，以北越龙脑香（*Dipterocarpus retusus*）、番龙眼（*Pometia tomentosa*）

为代表种，另外见有隐翼（*Crypteronia paniculata*）、八宝树（*Duabanga grandiflora*）、新乌檀（*Neonauclea griffithii*）、多花白头树（*Garuga floribunda* var. *gamblei*）、缅漆（*Semecarpus reticulata*）、山蕉（*Mitrephora maingayi*）、翅子树（*Pterospermum acerifolium*）等。乔木中层高 15～30 m，层盖度 50%～60%，常见无忧花（*Saraca dives*）、长果桑（*Dimerocarpus balansae*）、华溪杪（*Chisocheton sinensis*）、大叶木兰（*Magnolia henryi*）、云南木棟（*Amoora yunnanensis*）、滇南溪杪（*Chisocheton siamensis*）、青棕（*Caryota ochlandra*）、版纳柿（*Diospyros xishuangbannaensis*）、网脉核果木（*Drypetes perreticulata*）、韶子（*Nephelium chryseum*）、木奶果（*Baccaurea ramiflora*）、红光树（*Knema furfuracea*）、褐毛柿（*Diospyros martabanica*）、短序厚壳桂（*Cryptocarya brachythyrsa*）、突脉榕（*Ficus vasculosa*）、金钩花（*Pseuduvaria indochinensis*）等。乔木下层高 5～15 m，层盖度 40%～60%，以缅桐（*Sumbaviopsis albicans*）、二室棒柄花（*Cleidion spiciflorum*）、倒卵叶黄肉楠（*Actinodaphne obovata*）、尼泊尔水东哥（*Saurauia napaulensis*）、阔叶蒲桃（*Syzygium latilimbum*）、五桠果叶木姜子（*Litsea dilleniifolia*）、菩柔树（*Trigonostemon thyrsoideum*）、肥荚红豆（*Ormosia fordiana*）、木瓜榕（*Ficus auriculata*）、大叶水东哥（*Saurauia funduana*）、水东哥（*Saurauia tristyla*）、假苹婆（*Sterculia lanceolata*）、四裂算盘子（*Glochidion assamicum*）、尖叶杜英（*Elaeocarpus rugosus*）等为常见种（见图 7-7）。

图 7-7　国家 I 级保护植物东京龙脑香（四台河）

灌木层由幼树、灌木、藤本幼株组成。灌木有密花火筒（*Leea compactiflora*）、加辣菽（*Garrettia siamensis*）、毛杜茎山（*Maesa permollis*）、亮叶山小橘（*Glycosmis lucida*）、弯管花（*Chassalia curviflora*）、腺萼木（*Mycetia glandulosa*）、水苎麻（*Boehmeria macrophylla*)、云南九节 (*Psychotria yunnanensis*)、毛腺薴木 (*Mycetia hirta*)、红紫麻 (*Oreocnide rubescens*)、酸脚杆 (*Medinilla lanceata*)、粗叶榕 (*Ficus hirta*)、露兜 (*Pandanus tectorius*) 等。草本层见有越南万年青 (*Aglaonema pierreanum*)、樟叶胡椒 (*Piper polysyphorum*)、轴脉蕨 (*Ctenitopsis fuscipes*)、黄腺羽蕨 (*Pleocnemia winitii*)、大斑叶兰 (*Goodyera procera*)、全缘楼梯草 (*Elatostema sesquifolium*)、老虎须 (*Tacca chantrieri*)、线柱苣苔 (*Rhynchotechum obovatum*)、柊叶 (*Phrynium capitatum*)、石生楼梯草 (*Elatostema rupestre*)、伞花杜若 (*Pollia subumbellata*)、多花山壳骨 (*Pseuderanthemum polyanthum*)、海芋 (*Alocasia macrorrhiza*)、粗齿冷水花 (*Pilea sinofasciata*)、舞花姜 (*Globba racemosa*)、三叉蕨 (*Tectaria subtripdylla*)、巨序楼梯草 (*Elatostema megacephalum*)、小叶楼梯草 (*Elatostema parvum*)、小驳骨 (*Asystasiella chinensis*)、闭鞘姜 (*Costus speciosus*)、秋海棠 (*Begonia angustine*)、蛇根叶 (*Ophiorrhiziphyllon macrobotryum*)、野靛棵 (*Mananthes patentiflora*)、金塔火焰花 (*Phlogacanthus pyramidalis*) 等。

藤本植物有扁蒴藤 (*Pristimera setulosa*)、三叶崖爬藤 (*Tetrastigma hemsleyanum*)、长节珠 (*Parameria laevigata*)、匙羹藤 (*Gymnema sylvestre*)、刺果藤 (*Byttneria integrifolia*)、大果岩爬藤 (*Tetrastigma megalocarpum*)、大叶银背藤 (*Argyreia wallichii*)、滇南马钱 (*Strychnos nitida*)、红叶藤 (*Rourea minor*)、翼核果 (*Ventilago calyculata*)、木瓣瓜馥木 (*Fissistigma xylopetalum*)、囊托羊蹄甲 (*Bauhinia touranensis*)、牛栓藤 (*Connarus paniculatus*)、皮孔翅子藤 (*Loeseneriella lenticellata*)、光叶榕 (*Ficus laevis*)、蛇藤 (*Colubrina asiatica*)、十字崖爬藤 (*Tetrastigma cruciatum*)、藤桔 (*Paramignya retispina*) 等。

附生植物有羊乳榕 (*Ficus sagittata*)、球兰 (*Hoya carnosa*)、澜沧球兰 (*Hoya lantsangensis*)、石柑子 (*Pothos chinensis*)、香港崖角藤 (*Rhaphidophora hongkongensis*)、球穗胡椒 (*Piper thomsonii*)、锥叶榕 (*Ficus subulata*) 等。

(4) 热带山地雨林。

热带山地雨林在种类组成上以无患子科的韶子 (*Nephelium chryseum*)、金缕梅科的阿丁枫 (*Altingia excellsa*)、马蹄荷 (*Exbucklandia populnea*)、山榄科的滇木花生 (*Madhuca pasquieri*) 为特征。乔木一般可分为 2~3 层，林中板根、老茎生花等现象很少见，但附生植物仍丰富。群落高度达 25~30 m，乔木上层主要由阿丁枫、马蹄荷、滇木花生、杯状栲 (*Castanopsis calathiformis*)、截头石栎 (*Lithocarpus truncatus*) 等植物种类。乔木下层常见有黄心树 (*Machilus bombycina*)、壳菜果 (*Mytilaria laosensis*)、小花红花荷 (*Rhodoleia parvipetala*)、鹅掌柴 (*Schefflera* sp.)、粗壮琼楠 (*Beilschmiedia robusta*)、云南棋子豆 (*Cylindrokelupha kerrii*)、马尾树 (*Rhoiptelea chiliantha*)、焰序

山龙眼（*Helicia pyrrhobotrya*）、假桂钓樟（*Lindera tonkinensis*）、贫花厚壳桂（*Cryptocarya depauperata*）、网脉山胡椒（*Lindera metcafiana* var. *Dictyophylla*）、假桂皮树（*Cinnamomum tonkinense*）、南酸枣（*Choerospondias axillaris*）、杜英（*Elaeocarpus* sp.）等（见图 7-8）。

图 7-8　热带山地雨林景观（拉灯瀑布）

灌木层见有毛果算盘子（*Glochidion eriocarpum*），粗叶木（*Lasianthus chinensis*）、岗柃（*Eurya groffii*），米饭花（*Lyonia ovalifolia*）、大参（*Macropanax dispermus*）、展毛野牡丹（*Melastoma normale*）、称杆树（*Maesa ramentacea*）。草木层见有露兜（*Pandanus tectorius*）、大叶野海棠（*Bredia longiradiosa*），蜂斗草（*Sonerila cantonensis*），多花沿阶草（*Ophiopogon tonkinensis*）、山菅（*Dianella ensifolia*）、巨序楼梯草（*Elatostema megacephalum*）等（见图 7-9）。

（5）季风常绿阔叶林。

原始的季风常绿阔叶林在该地区已不多见，现存的季风常绿阔叶林大多为受到各种各样破坏干扰的次生林。

季风常绿阔叶林主要以壳斗科、茶科、木兰科、金缕梅科、冬青科、山矾科的种类为主，它们分布在海拔 900~2 000 m，有时与山地雨林交错，后者更多的出现于沟谷部分，而在 2 000 m 海拔以上地区，向苔藓常绿阔叶林过渡。

季风常绿阔叶林群落乔木有两个层次，乔木上层高 20~25 m，种类以红木荷（*Schima wallichii*）、杯状栲（*Castanopsis calathiformis*），印度栲（*Castanopsis indica*）、

图 7-9　热带山地雨林林下种植草果

韶子（*Nephelium chryseum*）、赤杨叶（*Alniphyllum fortune*）等为主，其它常见有小花红花荷（*Rhodoleia parvipetala*）、草鞋叶（*Macaranga henryi*）、长叶棋子豆（*Cylindrokelupha alternifoliolata*）、亮叶围涎树（*Pithecellobium lucidum*）、粗穗石栎（*Lithocarpus grandifolius*）、截头石栎（*Lithocarpus truncatus*）、香胶蒲桃（*Syzygium balsameum*）、团香果（*Lindera latifolia*）、美脉杜英（*Elaeocarpus varunua*）、假柿木姜子（*Litsea monopetala*）、厚鳞石栎（*Lithocarpus pachylepis*）、腺叶山矾（*Symplocos adenophylla*）、南酸枣（*Choerospondias axillaris*）、倒卵叶黄肉楠（*Actinodaphne obovata*）、大叶桂（*Cinnamomum iners*）、粗壮琼楠（*Beilschmiedia robusta*）、假桂钓樟（*Lindera tonkinensis*）、焰序山龙眼（*Helicia pyrrhobotrya*）、大参（*Macropanax dispermus*）、毛银柴（*Aporusa villosa*）、华南吴萸（*Evodia austrosinensis*）、印缅黄杞（*Engelhardtia wallichiana*）、中平树（*Macaranga denticulata*）（见图 7-10）。

图 7-10　季风常绿阔叶林景观

灌木层多为乔木层的幼树，亦常见有三桠苦（*Evodia lepta*）、包疮叶（*Maesa indica*）、双籽棕（*Didymosperma caudatum*）、椴叶山麻杆（*Alchornea tiliifolia*）、尖子木（*Oxyspora paniculata*）、多花野牡丹（*Melastoma affine*）、岗枘（*Eurya groffii*）、红皮水锦树（*Wendlandia tinctoria*）等。草本层种类见有芒萁（*Dicranopteris dichotoma*）、滇缅斑鸠菊（*Vernonia parishii*）、展毛野牡丹（*Melastoma normale*）、全缘楼梯草（*Elatostema sesquifolium*）、穿鞘花（*Amischotolype hispida*）、刚莠竹（*Microstegium ciliatum*）、四角果（*Carlemannia tetragona*）等。

藤本植物常见有梨竹藤、瓜馥木（*Fissistigma* sp.）、南蛇藤（*Celastrus angulatus*）、独子藤（*Celastrus monospermus*）、买麻藤（*Gnetum montanum*）、玉叶金花（*Mussaenda pubescens*）、省藤（*Calamus* sp.）、青藤仔（*Jasminum nervosum*）等；附生植物有兰科多种、石柑子（*Pothos chinensis*）、长茎芒毛苣苔（*Aeschynanthus longicaulis*）等。

（6）苔藓常绿阔叶林。

苔藓常绿阔叶林乔木上层平均高度为25～30 m，以红花荷（*Rhodoleia Championii*）、倒卵叶石栎（*Lithocarpus pachyphylloides*）、木果石栎（*Lithocarpus xylocarpus*）、疏齿栲（*Castanopsis remotidenticulata*）占优势，其他见有柴桂（*Cinnamomum tamala*）、长蕊木兰（*Alcimandra cathcartii*）、红花木莲（*Manglietia insignis*）、中华木荷（*Schima sinensis*）、青冈（*Cyclobalanopsis glauca*）、罗浮栲（*Castanopsis faberi*）等。乔木下层常见有短刺栲（*Castanopsis echidnocarpa*）、假吴茱萸叶五加（*Gamblea pseudo-evodiaefolius*）、截头石栎（*Lithocarpus truncatus*）、多花含笑（*Michelia floribunda*）、赤杨叶（*Alniphyllum fortune*）、红马银花（*Rhododendron vialii*）、滇南杜鹃（*Rhododendron hancockii*）、米饭树（*Vaccinium mandarinorum*）、露珠杜鹃（*Rhododendron irroratum*）、粗毛杨桐（*Adinandra hirta*）、滇桂木莲（*Manglietia forrestii*）、厚皮香（*Ternstroemia gymnanthera*）、木瓜红（*Rehderodendron macrocarpum*）、金屏连蕊茶（*Camellia tsingpienensis*）、文山鹅掌柴（*Schefflera fengii*）、多花山矾（*Symplocos ramosissima*）、腺缘山矾（*Symplocos glandulifera*）等（见图7-11）。

灌木层主要是乔木的幼苗、幼树，以滑竹（*Yushania polytricha*）、金平玉山竹（*Yushania bojieiana*）、柄果海桐（*Pittosporum podocarpum*）、密花树（*Myrsine seguinii*）、柳叶润楠（*Machilus salicina*）、香面叶（*Lindera caudata*）、异叶鹅掌柴（*Schefflera chapana*）、西南卫矛（*Euonymus hamiltonianus*）、方枝假卫矛（*Microtropis tetragona*）、云南枘（*Eurya yunnanensis*）等较为常见。草本层种类较为单调，见有沿阶草（*Ophiopogon bodinieri*）、直立锦香草（*Phyllagathis erecta*）、异叶楼梯草（*Elatostema monandrum*）等。

藤本植物有酸藤子（*Embelia* sp.）、南五味子（*Kadsura angustifolia*）等。附生植

物见有龙头节肢蕨、友水龙骨、黄杨叶芒毛苣苔（*Aeschynanthus buxifolius*），宽叶耳唇兰（*Otochilus lancilabius*）、豆瓣绿（*Peperomia tetraphylla*）、长柄贝母兰（*Coelogyne longipes*）等。

（7）山顶苔藓矮林。

山顶苔藓矮林主要分布在海拔 2 700 m 以上地区的山顶、山脊或陡峭的山坡上。群落的乔木通常仅一层，高达 10～15 m，常见种类有滇南红花荷、假吴茱萸叶五加、陷脉冬青（*Ilex delavayi*）、厚叶杜鹃（*Rhododendron sinofalconeri*）、滇隐脉杜鹃（*Rhododendron maddenii* ssp.*crassum*）、圆叶米饭花（*Lyonia doyonensis*）、毛序花楸（*Sorbus keissleri*）、蒙自杜鹃（*Rhododendron mengtszense*）、茵芋（*Skimmia* sp.）、光叶铁仔（*Myrsine stolonifera*）、云南越桔（*Vaccinium duclouxii*）等（见图 7-12）。

图 7-11　苔藓常绿阔叶林外貌

图 7-12　山顶苔藓矮林景观

灌木层除一些乔木的幼树外，还见有华南木姜子（*Litsea greenmaniana*）、美丽马醉木（*Pieris formosa*）、滇白珠（*Gaultheria leucocarpa* var. *crenulata*）、心叶荚蒾（*Viburnum nervosum*）等。草本层种类不多，见有云南兔耳风（*Ainsliaea yunnanensis*）、长穗兔儿风（*Ainsliaea henryi*）、大花沿阶草（*Ophiopogon megalanthus*）等。

层间附生植物较丰富，见有二色瓦韦（*Lepisorus bicolor*）、舌蕨（*Elaphoglossum conforme*）、红苞树萝卜（*Agapetes rubrobracteata*）。藤本植物见有屏边双蝴蝶（*Tripterospermum pingbianense*）、五叶悬钩子（*Rubus quinquefoliolatus*）和菝葜属（*Smilax*）植物。

（8）次生植被和人工林。

马鞍底地区在海拔 2 000 m 以下的区域，大部分林地均为次生植被、人工林、灌草丛及农业用地。在海拔 700 m 以下的河谷地区，目前已大量开垦种植菠萝和橡胶，在海拔 700 m 以上的区域，则大量种植香蕉和杉木，还有一些喜树林。在海拔 1 000～

（a）季风常绿阔叶林次生林

2 000 m 地区，很多季风常绿阔叶林和山地雨林已变成竹 - 木混交林，即便不是竹 - 木混交林，也在林下种植了草果。在人工林里，生物多样性很小，林下几乎都是紫茎泽兰。在竹 - 木混交林和种植了草果的森林，虽生物多样性不如原始林，但仍保留有相当多的物种。竹 - 木混交林不仅是该地区蝴蝶的栖息地和繁殖地，也是仍保留有较多物种的自然植被（见图 7-13）。

（b）中华大节竹林

（c）已开垦种植香蕉的大片区域

图 7-13　次生林和人工植被

7.2.2　植物资源

马鞍底地区包括了完整的热带山地植被垂直地带，具有从低海拔河谷的热带季节雨林到热带山地雨林、季风常绿阔叶林、苔藓常绿阔叶林、山顶苔藓矮林以及热性竹林、暖性竹林等植被类型。虽然该地区在海拔 2 000 m 以下的区域，有很大面积的次生植被、人工林及农业用地，但该区域内植物资源极为丰富，仍保存了众多的古老、珍稀、濒危和特有物种。

该地区至少有野生种子植物 2 000 种以上，见有国家级珍稀濒危保护植物和云南省级重点保护植物多种，如华盖木、鸡毛松、树蕨、水青树、蓝果树、红花木莲、滇木花生、马尾树、长蕊木兰、望天树、北越龙脑香、东京桐、木瓜红、五桠果叶木姜子、绒毛番龙眼、董棕等。该地区还有丰富野生食用植物、淀粉植物、油料植物、纤维植物、芳香油植物、鞣料植物、染料植物、树脂与树胶植物、观赏植物和其他经济植物等。野生食用植物如水蕨菜（*Pterilium aquilium* var. *latiusculum*）、鱼腥草（*Houttuynia cordata*）、白花羊蹄甲（*Bauhinia acuminata*）等；淀粉植物如董棕、鱼尾葵、硬斗石栎（*Lithocarpus hancei*）、海芋（*Alocasia macrorrhiza*）等；油料植物如木油桐（*Aleurites Montana*）、滇木花生（*Madhuca pasquieri*）等；纤维植物如构树、长叶水麻、山黄麻（*Trema tomentosa*）、火绳树等；芳香油植物如小花八角（*Illicium micranthum*）、清香木姜子（*Litsea euosma*）、灵香草（*Lysimachia foenum-graecum*）、香叶树（*Lindera communis*）等；鞣料植物如印度栲（*Castanopsis indica*）、青冈（*Cyclobalanopsis glauca*）、厚叶算盘子（*Glochidion hirsutum*）等；染料植物如驳骨丹（*Buddleja asiatica*）、姜黄（*Curcuma longa*）、马蓝（*Baphicacanthus cusia*）等；树脂与树胶植物如望天树、东京龙脑香等；观赏植物如红花木莲（*Manglietia insignis*）、多花含笑（*Michelia floribunda*）、红木荷（*Schima wallichii*）、红花荷（*Rhodoleia championii*）等乔木观赏树种，多种杜鹃花科植物等（见图 7-14）。

7.2.3　竹类植物资源

竹子是森林植物中的一个特殊类群，全世界约有竹类植物 70 多属，1 000 余种，主要分布于亚洲、非洲、南美洲及大洋洲的热带亚热带多雨地区，其中以亚洲东部至东南部分布最集中，种类最丰富，占世界总属数的 80%，种数的 70%。中国特别是云南更是有着丰富的竹类资源，云南竹子属、种数远多于国内其他各竹产区，为东南亚各国所不及，而且分布有高比例的古老类群和特有属种，世界首例竹类化石在云南的发现，进一步证实了云南是世界竹类植物的起源地和现代分布中心之一。

红河州金平县是全省水热条件最优越的地区之一，为中国大陆热带雨林中湿热性质最强的雨林类型——湿润雨林的主要分布区，其竹类植物亦以湿热性质最强的箆箬

（a）鱼尾葵

（b）红花荷

（c）木荷

（d）裂果金花

（e）乌桕

（f）桄榔

（g）桫椤

（h）藤黄

图 7-14　马鞍底部分濒危及重点保护植物

（i）粽叶芦

（l）柊叶

（m）木姜子

（j）尖子木

（k）蛇根草

（n）马尾树

图 7-14　马鞍底部分濒危及重点保护植物（续）

竹属（*Schizostachyum*）、梨藤竹属（*Melocalamus*）、泡竹属（*Pseudostachyum*）和薄竹属（*Leptocanna*）等为代表，并有大面积的天然竹林分布，是我国竹子种类最多，竹类资源最为丰富的地区之一；而马鞍底又是金平县竹子种类最丰富最集中的地区之一。红河州有竹类 18 属 64 种，金平县有竹类 18 属 50 种，而马鞍底就有竹类 16 属 38 种。

7.2.3.1　竹林分布特征

本区海拔高差大，生物气候的垂直变化明显，天然植被随山体海拔高度的变化发育了云南南部热带山地较为完整的植被垂直带系列。在东南部低热河谷地区，尤其是拉灯一带海拔 800 m 以下的沟谷地带，水热条件十分优越，其地带性的基带植被保存了我国大陆湿热性质最强的雨林类型——湿润雨林。分布了以沙罗单竹（*Schizostachyum funghomii*）（2008～2009 年已全部开花死亡，现已自然更新）为代表的湿热性质最强的热性大型丛生竹林，并保存了我国天然分布面积最大的沙罗单竹单优群落。在湿润雨林下部海拔 200～500 m，生境稍干的热带河谷山地下部分布有黄竹、小叶龙竹、金平龙竹、云南龙竹等为代表的热性大型丛生竹类。在红河河谷底部降水较少，并有显著的"焚风效应"，气候较为干热，沿谷地分布有在竹类中较耐干旱炎热的刺竹属种类。在海拔 800～1 300 m（拉灯—马鞍底—天生桥一带）迎东南季风的多雨山地，其间有以中华大节竹（*Indosasa sinica*）、毛花酸竹（*Acidosasa hirtiflora*）为代表的热性大型散生竹类与树木混生形成的竹 - 木混交型的山地雨林类型。而在其他一些同海拔地段则有大面积的中华大节竹单优群落分布，并成为大节竹属种数分布最集中、天然竹林面积最大的地区之一。在海拔 1 200～1 900 m（天生桥—拉灯—五台山一带）范围主要为季风常绿阔叶林，中山湿性常绿阔叶林，其物种组成丰富，有不少热带区系成分，竹类主要有梨藤竹、薄竹、泡竹、香竹、方竹、云南总序竹和大节竹属的多种热性和暖热性竹类成分，暖湿性中小型竹类形成的中山湿性常绿阔叶林下恒有的竹林层片；并在林缘或林中空地形成一定面积的单优势竹林群落。海拔 1 900～2 600 m（五台山—分水岭）的山体上部几乎终年为云雾所笼罩，生境非常潮湿，形成了山地苔藓常绿阔叶林；林下为以箭竹属（*Fargesia*）和玉山竹属（*Yushania*）为优势的湿凉性小型竹类，在一些山脊或山顶处可形成单优势竹林群落。在山脊地段或向阳坡面常形成一定面积的低矮小型湿凉性单优竹林群落。

本地区受东南热带季风影响突出，气候湿热，对植被生长极为有利，同时海拔悬殊，生物气候垂直变化明显，发育了从热带雨林到苔藓常绿阔叶林的各类典型的滇南热带山地特有森林类型，也同时发育了从大型热性丛生竹至小型湿凉性亚高山竹类的多种竹林类型。调查表明，在每一个生物气候垂直带上都相应出现了一定面积的天然竹林类型，并且由于不同的竹林类型与相应的阔叶林在水热条件要求上的共性，二者在海拔高度和坡向的分布上也相一致，这些竹林类型也像由高大乔木树种所组成的森林植被那样反映热带山地垂直带上的生物气候特征。

7.2.3.2　竹林组成特征

由于本区特殊的地理位置，湿热的气候条件和多样化的生境类型，十分有利于竹类植物的生长，竹类植物种类组成丰富。本地区共有原产竹类植物 16 属，38 种。在一个乡的狭小空间有如此丰富的竹类植物集中分布，这在云南、中国乃至世界上都是少见的。

由于本地区处于迎东南热带季风的前沿地带，是金平县气候最为湿热的地区之一，十分有利于竹类植物生长，发育了丰富的竹类资源，同时由于山脉的走向，河谷的深切，海拔高低悬殊，生物地理垂直带明显，竹类属的分布区类型多样化，多种区系地理成分均有出现，成为该地区竹类植物的一个重要特征。红河河谷有利于来自北部湾暖湿气流的伸入，大围山、黄连山、分水岭和西隆山等高大山体的迎风坡面又使暖湿气流抬升致雨，造成该地区环境湿热，一些主要分布于中南半岛和热带印度的典型热带区系成分能抵达这一地区，如梨藤竹属的梨藤竹（*Melocalamus compactiflorus*）、簝筍竹属的沙罗单竹（*Schizostachyum funghomii*）、大节竹属的中华大节竹（*Indosasa sinica*）和泡竹属的泡竹（*Pseudostachyum polymorphum*）等均为典型热带成分，它们在国内主要出现于滇东南至滇西南的热带边缘地区以及广东、广西南部的低热地带，本地区为这些热带竹分布的北部边缘，局限分布于海拔 1 400 m 以下的湿热沟谷地带。

主要分布于我国云南南部热带地区，并能向西扩散到缅甸北部、印度东部和西藏东南部热带区域的热带山地属有香竹属（*Chimonocalamus*），该属为 20 世纪 70 年代末期发现于云南南部之新属，为云南南亚热带山区所特有，云南南部为该属的分布中心，是起源于云南南部的热带属，在云南南部热带山地可分布到海拔 1 500～2 000 m 的亚热带常阔叶林地带。本区分布有香竹（*Ch. delicatus*）、灰香竹（*Ch. pallens*）、长舌香竹（*Ch. longiligulatus*）和马关香竹（*Ch. makuanensis*）等，主要出现于 1 400～1 800 m 一带的季风常阔叶林或中山湿性常绿阔叶林下，是本属分布最集中的地区。

出现于本区并能继续向北延伸的热带属有热带印度—华南分布型的牡竹属（*Dendrocalamus*）、泡竹属（*Pseudostachyum*）和热带亚洲、非洲和大洋洲间断分布的箣竹属（*Bambusa*）。本区牡竹属共有 9 种，其中勃氏甜龙竹（*D. brandisii*）、锡金龙竹（*D. sikkimensis*）和云南龙竹（*D. yunnanicus*），主要分布于滇东南地区，勃氏甜龙竹可向北延伸至哀牢山中部抵滇中地区。而金平龙竹（*D. peculiaris*）为红河地区所特有。箣竹属有箣竹（*B. blumeana*）、车筒竹（*B. sinospinosa*）、油箣竹（*B. lapidea*）等，主要分布于本地区河谷两侧沟地、台地或河漫滩地，并可沿低热的河谷地带向北延伸至滇中地区甚至更北。在人工栽培条件下出现于人为活动较频繁的地段。

起源于我国西南、华南亚热带山地并能扩散到印度和热带非洲的亚热带区系成分有玉山竹属（*Yushania*），箬竹属（*Indocalamus*）为合轴小型散生竹类，广布云南中山至亚高山的亚热带或暖温带地区。玉山竹属在本区天然分布 2 种：金平玉山竹（*Y. bojieiana*）、滑竹（*Y. polytricha*）；箬竹属在本区天然分布 1 种：金平箬竹（*I. jinpingensis*）；主要分布于海拔 1 700 m 以上的中山湿性常绿阔叶林或苔藓常绿阔叶林下，有时形成小片单优群落，为云南亚热带中山上部或滇西北亚高山最为常见的林下小型竹类之一。

由于山脉的南北走向和西北高东南低的地势，有利于北部亚热带或暖温带区系成分的竹类沿山地环境向南渗透至本地区。如以西南山区为分布中心的方竹属（*Chimonobambusa*）和喜马拉雅—横断山脉高山成分的箭竹属（*Fargesia*）在本地区均有出现。方竹属天然分布有 2 种：云南方竹（*Ch. yunnanensis*）、小花方竹（*Ch. grandifolia*）。云南方竹广泛出现于全省范围的湿性常绿阔叶林下，常形成一恒有的层片，小花方竹也仅见于本地区及分水岭一带，该两种为本区特有种。箭竹属天然分布仅有 1 种：薛氏箭竹（*F. hsuehiana*）。箭竹属全属共约 80 种，主要分布于我国西南地区西部至喜马拉雅山地区，而以滇西北至川西的横断山脉地区为其分布中心，是世界上海拔分布最高，耐寒性最强的竹类。本区天然分布的 1 个种主要出现于海拔 2 000 m 以上的山顶苔藓常绿阔叶林下，或在空旷山顶部形成小片单优群落，为本区所特有，本区为箭竹属向东南分布的边缘。

属东亚和长江流域亚热带区系成分的单轴散生竹类在本区有 2 个属——刚竹属（*Phyllostachys*）和大节竹属（*Indosasa*）。刚竹属约 50 种，广布于东亚亚热带地区，我国除东北、内蒙古、新疆、青海等地外各地均有分布。我国长江中下游地区为主要产区，是典型的长江流域成分，云南有 14 种，本地区有 3 种。大节竹属共 50 种，分布于我国和日本，我国有 20 种，主要分布华东、华南至西南地区，属东亚亚热带区系成分，本地区有 2 种：中华大节竹（*I. sinica*）和哈竹（*I. jinpingensis*）。

属于中国特有的竹类有 2 个属：铁竹属（*Ferrocalamus*）、薄竹属（*Leptocanna*）；铁竹属为 20 世纪 80 年代初在金平县发现的新属，全属 2 种，铁竹（*F. strictus*）和裂箨铁竹（*F. rimosivaginus*），仅分布于我国云南东南部至南部海拔 1 300 m 以下的热带山地下部的山地雨林或季风常绿阔叶林地带，属典型的热带山地成分，主要分布于金平、绿春、元阳等地。薄竹属为单种属，即薄竹（*L. chinensis*）1 种，亦为 80 年代初发现于本区之新属，后在滇南至滇西南热带地区相继发现有少量分布，本区为薄竹核心分布区，但数量稀少，只在海拔 1 000 m 以下的山地雨林或湿润雨林中偶见。薄竹属与铁竹属均为云南特有之热带成分，要求湿热的森林环境，分布范围十分狭窄，目前数量已十分稀少，应加强保护。

7.2.3.3　竹类资源利用

本地区由于其特殊的自然地理环境，有着丰富的竹类植物资源，各族人民有着种竹用竹的悠久历史和传统，民族竹文化灿烂多彩。丰富的竹类资源中大多数已在民间得到了广泛的利用，不少竹种品质优良，且兼具多种用途，本地原产竹种中可作笋用的竹种近 15 种，可作材用的竹种近 20 种，蔑性较好的种类有近 10 种，观赏价值较高的有 8 种，良好的造纸用竹有 5 种，另有多种可作其他用途。其中屏边篾箬竹为现已知终年产笋的唯一种类，金平龙竹为加工干笋及保鲜笋最好的竹子。梨藤竹竹竿完全实心，裂箨铁竹异常坚硬。中华大节竹是蝴蝶的主要寄主植物，也是在本地区天然竹林中分布最广，面积最大的竹种（见图 7-15）。

图 7-15　马鞍底的主要竹类植物

通过调查，项目组认为，本地区虽然有着丰富的竹类植物资源，但对于资源的开发利用是不够的。竹类资源在当地经济发展中贡献率低，造成老百姓对竹林的管护较粗放，甚至不管，导致竹林老化退化现象发生（拉灯一带的中华大节竹出现开花现象），使蝴蝶的生存受到威胁；另外生态破坏严重（拉灯电站以下至红河边）由于橡胶和香蕉经济价值高，老百姓砍树搞种植，造成水土流失，气候变暖，导致多种竹类提前开花死亡。

拉灯电站以上的竹林为蝴蝶的主要栖息地之一，由于多种原因，竹子已陆续开花死亡。因此需加强管理，对竹林进行间伐抚育，恢复竹林长势，保护好蝴蝶的栖息地。

7.2.3.4　马鞍底竹种名录

① 篾箬竹属 *Schizostachyum* Nees

屏边篾笋竹 *Schizostachyum pingbianense* Hsueh & Y. M. Yang ex Yi & al.

篾笋竹 *Schizostachyum pseudolima* McClure

沙罗单竹 *Schizostachyum funghomii* McClure

② 泡竹属 **Pseudostachyum** Munro

泡竹 *Pseudostachyum polymorphum* Munro

③ 梨藤竹属 **Melocalamus** Benth.

梨藤竹 *Melocalamus compactiflorus*（Kurz）Benth. & Hook. f.

高肩梨藤竹 *Melocalamus yunnanensis*（Wen）Yi

④ 薄竹属 **Leptocanna** Chia & H. L. Fung

薄竹 *Leptocanna chinensis*（Rendle）Chia & H. L. Fung

⑤ 单竹属 **Lingnania** McClure

绵竹 *Lingnania intermedia*（Hsueh & Yi）Yi

⑥ 簕竹属 **Bambusa** Retz. corr. schreber.

簕竹 *Bambusa blumeana* J. A. & J. H. Schult.

油簕竹 *Bambusa lapidea* McClure

车筒竹 *Bambusa sinospinosa* McClure

⑦ 牡竹属 **Dendrocalamus** Nees

金平龙竹 *Dendrocalamus peculiaris* Hsueh & D. Z. Li

勃氏甜龙竹 *Dendrocalamus brandisii*（Munro）Kurz

马来甜龙竹 *Dendrocalamus asper*（J. A. & J. H. Schult.）Backer ex Heyne

云南龙竹 *Dendrocalamus yunnanicus* Hsueh & D. Z. Li

野龙竹 *Dendrocalamus semiscandens* Hsueh & D. Z. Li

锡金龙竹 *Dendrocalamus sikkimensis* Gamble ex Oliver

毛脚龙竹 *Dendrocalamus sinicus* Chia & J. L. Sun

黄竹 *Dendrocalamus membranaceus* Munro

小叶龙竹 *Dendrocalamus barbatus* Hsueh & D. Z. Li

⑧ 大节竹属 **Indosasa** McClure

中华大节竹 *Indosasa sinica* C. D. Chu & C. S. Chao

哈竹 *Indosasa jinpingensis* Yi

⑨ 刚竹属 **Phyllostachys** Sieb. & Zucc.

金竹 *Phyllostachys sulphurea*（Carr.）A. & C. Riv.

美竹 *Phyllostachys mannii* Gamble

桂竹 *Phyllostachys bambusoides* Sieb. & Zucc.

⑩ 方竹属 **Chimonobambusa** Makino

云南方竹 *Chimonobambusa yunnanensis* Hsueh & W. P. Zhang

小花方竹 *Chimonobambusa microfloscula* McClure

⑪ 香竹属 **Chimonocalamus** Hsueh & Yi

香竹 *Chimonocalamus delicatus* Hsueh & Yi

灰香竹 *Chimonocalamus pallens* Hsueh & Yi

长舌香竹 *Chimonocalamus longiligulatus* Hsueh & Yi

马关香竹 *Chimonocalamus makuanensis* Hsueh & Yi

⑫ 箭竹属 **Fargesia** Franch.emend. Yi

薛氏箭竹 *Fargesia hsuehiana* Yi

⑬ 玉山竹属 **Yushania** Keng f.

金平玉山竹 *Yushania bojieiana* Yi

滑竹 *Yushania polytricha* Hsueh & Yi

⑭ 酸竹属 **Acidosasa** C. D. Chu & C. S. Chao.

毛花酸竹 *Acidosasa hirtiflora* Z. P. Wang & G. H. Ye

⑮ 铁竹属 **Ferrocalamus** Hsueh & Keng f.

铁竹 *Ferrocalamus strictus* Hsueh & Keng f.

裂箨铁竹 *Ferrocalamus rimosivaginus* Wen

⑯ 箬竹属 **Indocalamus** Nakai

金平箬竹 *Indocalamus jinpingensis* Yi & J. Y. Shi

7.3　马鞍底的蝶类资源

7.3.1　蝶类资源概况

由于马鞍底残存着山地雨林和保存完整的季风常绿阔叶林等多种植被类型，有着适合于蝶类生存的基础生态环境，从而使蝶类的物种资源非常丰富，从界河龙脖河与红河的交汇处（海拔 105 m）到五台山（海拔 3 012 m）的山巅，一年四季都能看到蝴蝶的美丽身影。冬季，在红河边沙坝、地西北、拉灯河电站等地可看到数十种蝶类，主要有斑蝶科 Danaidae、灰蝶科 Lycaenidae、粉蝶科 Pieridae 和少量的蛱蝶科 Nymphalidae 蝴蝶。每年开春，在海拔 400~800 m 的地带，均可看到多种蛱蝶科、凤蝶科 Papilionidae 和眼蝶科 Satyridae 蝴蝶。通常，在 4、5 月份，是马鞍底蝴蝶种类最丰富的时节，许多珍稀、特有的蝶类，在这里都可寻觅到它们美丽的身影，如喙凤蝶

（*Teinopalpus imperialis*）、裳凤蝶（*Troides helena*）、美凤蝶（*Papilio memnon*）、青凤蝶（*Graphium sarpedon*）、大绢斑蝶（*Parantica sita*）、红翅尖粉蝶（*Appias nero*）、青斑蝶（*Tirumala limniace*）、紫斑环蝶（*Thaumantis diores*）等；到6、7月份，在马鞍底海拔900～1 500 m的十多个有中华大节竹分布的区域内，更可以看到漫天飞舞的箭环蝶（*Stichophthalma howqua*），同时还可看到枯叶蛱蝶（*Kallima inachus*）、小豹律蛱蝶（*Lexias pardalis*）、燕凤蝶（*Lamproptera curia*）等珍稀蝶类；至9、10月份，在马鞍底乡1 300～3 000 m的地域，可看到珍稀的褐钩凤蝶（*Meandrusa sciron*）等蝶类。经西南林业大学刘家柱、周雪松等十余年的调查和统计，截至2015年，马鞍底共有蝶类资源11科261种。但实际种类更多（见表7-1）。

表 7-1　马鞍底蝶类资源统计表

序　号	科	全　国		云　南		马鞍底	
		属	种	属	种	属	种
1	凤蝶科	23	90	13	60	16	45
2	绢蝶科	4	30	1	6		
3	粉蝶科	30	180	23	50	12	22
4	斑蝶科	9	30	6	16	4	11
5	环蝶科	7	20	5	10	7	10
6	眼蝶科	40	246	29	130	10	45
7	蛱蝶科	80	400	70	200	44	79
8	珍蝶科	1	2	1	1	1	1
9	喙蝶科	1	4	1	1	1	1
10	蚬蝶科	7	24	5	18	5	15
11	灰蝶科	100	300	55	110	14	15
12	弄蝶科	70	200	45	112	14	17
合　计		372	1526	254	714	128	261

7.3.2　蝶类分布特征

在自然界数以万计的植物中，一种蝴蝶大多只以一种植物为食，也就是说，植物物种的丰富度与蝶类的丰富度成正比关系，植物物种越多，蝴蝶种类越多。马鞍底乡紧连分水岭国家级自然保护区，发源于五台山的数条河流形成气势磅礴的多级瀑布群，在水流强烈的切割作用下，形成了马鞍底沟壑纵横，山高谷深的立体地貌，为植被带谱的垂直发育创造了优越的自然条件，同时也为蝴蝶的孕育和繁衍奠定了得天独厚的环境基础。

马鞍底及其周边地区，海拔105～900 m地带，水热条件十分优越，残存的沟谷雨林中仍保存着国家一级重点保护植物望天树和东京龙脑香，以及二级重点保护植物千果榄仁、红花木莲、毛果木莲等珍稀的植物物种。望天树、东京龙脑香和千果榄仁是南亚热带雨林和季节雨林的标志性树种，而自海拔 105 m 的谷底至海拔 3 012 m 的五台山峰顶，分布着我国从热带到温带的多种植被类型，这在我国的同纬度地区是极为罕见的。由于马鞍底的植被类型远比西双版纳的植物类型丰富，因此在马鞍底的蝶类资源多于西双版纳。

可惜的是，随着近年来热区经济的开发热潮，在马鞍底乡及毗邻的勐桥乡，凡低海拔地区都遭到了大规模的毁林开荒，替代种植了香蕉和菠萝等热带水果。残存的热带林已岌岌可危，生物多样性正快速消失。目前也只有部分陡峭的沟谷地带还有残存的原始热带林，已经到了需要抢救性保护的地步，否则这些珍稀的生物资源将在短期内彻底消亡。

由于地形陡峭，仅残存在地西北、平河、拉灯河、干河等 400～1 300 m 峡谷内的热带雨林和季雨林，由于生境较湿润，植物物种极为丰富，蝶类是以凤蝶、蛱蝶、环蝶等大型蝶类居多，蝴蝶的种类多达 200 余种。从 1 500～2 000 m 范围内，主要为季风常绿阔叶林，2 000 m 以上为中山湿性常绿阔叶林，其物种组成丰富，主要物种有杜氏木莲、栎子树、小叶栲、山茶、血桐、枔木、厚皮香、密花树、野姜、白藤等植物，可看到的蝴蝶有 100 余种。这一带亦产珍稀蝶种，但数量极少。海拔 2 000～3 012 m 分布着中山湿性常绿阔叶林、山顶苔藓矮林等多种植被类型，这里生境潮湿，树干布满厚厚的苔藓。形成了保护区最具特色的山地苔藓常绿阔叶林，常见树种有光叶石栎、刺栲、木莲、青风栎、桢楠、方竹、优秀杜鹃、亮毛杜鹃等。在这里，蝶类资源明显减少，只能看到数量较少的蛱蝶、灰蝶和眼蝶等 10 余种蝶类。

7.3.3　珍稀种和特有种

马鞍底不但蝶类品种繁多，珍稀品种、特有种以及具有较高经济价值和科研价值的蝶类也不少（见表 7-2）。

箭环蝶 *Stichophthalma howqua* (Westwood)，为大型环蝶，雌、雄前翅面褐黄色，端半部灰白色，亚缘列由褐色矛状纹组成，后翅面全为褐黄色。雌蝶体型比雄蝶大，斑纹也较大，色更深，雄蝶后翅基部有一性斑和毛刷。成虫 1 年 1 代，出现 5～7 月份，在云南省的澜沧、西盟、景洪、沧源、马关、麻栗坡有零星分布，只有在马鞍底的拉灯（海拔 900 m）、马拐塘（海拔 1 200 m）、普玛（海拔 1 560 m）、营盘（海拔 1 420 m）、中寨（海拔 1 100 m）、鸡窝寨（海拔 950 m）等地有大量分布，从而在这里形成了一年一度的蝴蝶大聚会奇观。

凤眼蝶 *Neorina patria* Leech，为大型眼蝶，翅面褐黑色，前翅有黄白色宽斜带直到后翅前端，顶角有一小白斑，后翅无眼纹，翅黑色稍淡，前翅端有一大型圆眼纹，后翅前缘有一大圆眼纹，肛角有一小眼纹，稀有种，种群数量极少，云南省的普洱、西双版纳、贡山、

表 7-2　特有种、珍稀种分布一览表

序 号	名　称	地　点	海 拔 /m
1	箭环蝶 *Stichophthalma howqua* (Westwood)	拉灯河、马拐塘、鸡窝寨、营盘山、营盘、晋玛、中寨	900～1 560
2	凤眼蝶 *Neorina patria* Leech	石洞、平河、中良、标水岩	800～2 000
3	枯叶蛱蝶 *Kallima inachus* Doubleday	沙坝、普家寨、天生桥、五台山	400～1 300
4	丽蛱蝶 *Parthenos sylvia* Cramer	拉灯河、鸡窝寨	150～1 600
5	棒纹喙蝶 *Libythea myrrha* Laicharting	拉灯河、龙脖河	200～1 200
6	褐钩凤蝶 *Meandrusa sciron* (Leech)	马苦寨、中良、干河	1 200～1 600
7	金斑喙凤蝶 *Teinopalpus aureus* Mell	五台山	1 700～2 100
8	喙凤蝶 *Teinopalpus imperialis* Hope	五台山	2 200～2 700
9	燕凤蝶 *Lamproptera curia* (Fabricius)	干河、拉灯河、标水岩	200～1 300
10	裳凤蝶 *Troides helena* (Linnaeus)	拉灯河、地西北、干河、沙坝	200～1 500
11	紫斑环蝶 *Thaumantis diores* (Doubleday)	普家寨、中寨、石洞、普玛	400～1 500

瑞丽有分布，在马鞍底的石洞、平河、中良、标水岩等地有零星分布。

枯叶蛱蝶 *Kallima inachus* Doubleday，为大型蛱蝶，翅褐色或紫褐色，有藏青色光泽，前翅顶角尖锐，斜向外上方，中域有一条宽阔的橙黄色斜带，亚顶角和中域各有一个白点，翅的反面类似一片枯叶，不访花，飞行极快，自然种群数量稀少，目前已有人工养殖。云南省的西双版纳、西盟、南滚河、元江、河口有自然分布，在马鞍底的普家寨、五台山瀑布、天生桥、沙坝等地也有自然分布。

丽蛱蝶 *Parthenos sylvia* Cramer，为云南特有种，翅面橄榄绿或淡蓝色。前翅有不同形状的大白斑，组成长三角形。翅里淡绿色，斑纹如翅面。此蝶为美蛱蝶，飞翔迅速。云南省景洪、屏边、勐连有分布，马鞍底拉灯河电厂、鸡窝寨等地有自然分布。

棒纹喙蝶 *Libythea myrrha* Laicharting，为古老的珍稀种类、种群数量较少，下唇须和腹部等长，伸在头的前方，是该种的特点。前翅顶角突出成钩状，后翅外缘锯齿状。此蝶跳跃式急速飞翔，停息频繁，常在路边、河滩出现，停下时如树枝枯叶，不易被发现。属中小型蝴蝶，被称为蝴蝶的活化石。在云南省的双江、景洪、沧源、芒市等也有自然分布，马鞍底的龙脖河、拉灯河等地也有自然分布。

褐钩凤蝶 *Meandrusa sciron* (Leech) 为珍稀种，翅面褐色，前、后翅中带亚缘、亚端斑为赭黄色，后翅中室端和肛角有一深色斑和一深色齿状大斑。此蝶常在林区活动，飞行极快，不易被发现，在云南省的西双版纳、南滚河、文山老君山也有自然分布，在马鞍底的马苦寨、中良、干河等地也有自然分布。

金斑喙凤蝶 *Teinopalpus aureus* Mell 属于世界珍贵蝶类。金斑喙凤蝶由于种群数量极其稀少，列为中国国家Ⅰ级重点保护物种。

1922 年 4 月，德国教师麦尔在我国的广东省连平县首次发现了金斑喙凤蝶，并采集到 3 只雄蝶标本。1923 年定名为新种，模式标本珍藏于英国伦敦皇家博物馆。1948 年 8 月在福建武夷山第二次发现此蝶，当时采到 1 只雌蝶，为配模标本。标本珍藏于德国国家博物馆，成为此后数十年间全球仅有的 4 枚珍贵模式标本。

作为我国特有的珍品，被誉为"国蝶"、"蝶之骄子"，并享有"世界八大国蝶"美誉的金斑喙凤蝶，自发现后的五十年间，我国却没有一枚标本可供科学研究和鉴赏。1961 年，邮电部准备发行一套 20 种中国蝴蝶的邮票，根据蝶类专家的意见，其中必须有一枚金斑喙凤蝶邮票。可是在国内却找不到这种蝴蝶的标本和图片，图案设计者不得不借助英国伦敦皇家博物馆的资料绘制。当时，在英国伦敦皇家博物馆的昆虫标本珍藏室里，讲解员骄傲地说："这种漂亮名贵的蝴蝶，叫金斑喙凤蝶，它的产地在中国；全世界只有我们博物馆里才有这种蝴蝶的标本"。

1980 年 8 月，我国科学家在武夷山自然保护区的深山峡谷中，首次采集到了金斑喙凤蝶。这枚非常珍贵的金斑喙凤蝶标本被珍藏在中国科学院动物研究所标本馆，成为我国第 1 号、全球第 5 号金斑喙凤蝶标本。

近年来，随着对生物科学考察的深入，金斑喙凤蝶在海南、广西、云南等地亦有发现。而笔者采集到的金斑喙凤蝶标本，就是采于马鞍底山区的原始森林之中。

喙凤蝶 *Teinopalpus imperialis* Hope，为国家重点保护的珍稀物种，雄体绿色，腹下带黄色，外半部深褐色，从前缘到后角，有 3 条阴影状暗带，外缘毛白色。后翅基半亦为金绿色，中域有 1 近长三角形金色大斑。此蝶地区性强，飞翔迅速，不易被发现。在马鞍底五台山有极少量自然分布。

燕凤蝶 *Lamproptera curia* (Fabricius)，外形像燕子得名，突出特征是有长而宽的折叠尾、头宽、胸粗、腹部不长于胸部、前翅直角形，后缘较外缘短，亚基部有 1 透明白带与后翅中区透明带相连，后翅窄而长，折叠成一个很长的尾。常在河边、路边有水的地方活动，飞行极快。在云南省东川、易门、元江、高黎贡山、西双版纳也有分布，在马鞍底拉灯瀑布、干河、沙坝、标水岩等地也有自然分布。

裳凤蝶 *Troides helena* (Linnaeus)，为大型珍稀凤蝶，雄蝶前翅绒黑色，有淡灰色脉条纹，金黄色的后翅面有相连接的黑色缘斑。雌蝶前翅类似于雄蝶，但金黄色翅面有亚缘斑列，且斑与斑之间不连接。雌蝶体形大于雄蝶。在云南省的西双版纳、西盟、腾冲、盈江等地有自然分布，在马鞍底的干河、拉灯、地西北、沙坝等地也有自然分布。

紫斑环蝶 *Thaumantis diores* (Doubleday)，为珍稀蝶类，被称为"森林皇后"，翅圆形，外缘弧状，底色深褐，前后翅中域有大淡蓝色斑块，在光线折射下很漂亮。翅后面黑褐色，外缘淡褐色。云南省的屏边、菜阳河、西双版纳、南滚河等地也有自然分布，在马鞍底的普家寨、普玛、中寨、石洞等地也有自然分布。

7.4　马鞍底的社会经济概况

7.4.1　现状

马鞍底乡位于金平县城东部，乡政府距县城 146 km，国土面积 284.7 km²，东、西、南与越南接壤，国境线长 156 km。辖 6 个村委会 63 个村民小组。世居哈尼族、彝族、苗族、瑶族、汉族 5 种民族。2009 年全乡共有人口 17 762 人，其中，少数民族人口 17 442 人。全乡 90% 以上人口分布在山区农村，基础设施差，生产力水平不高，产业结构不合理，农民增收困难等因素严重制约着经济社会的全面发展。乡域内有丰富的森林、水能、矿产和旅游资源，森林覆盖率为 67%，动植物十分丰富，西北部是分水岭国家级自然保护区，是生物多样性重要的基因库。但由于地处边远、交通闭塞、科技文化落后，马鞍底乡至今仍然是一个集边远、山区、少数民族、贫困和原战区五位一体的贫困农业乡。到 2009 年，马鞍底共有耕地 1 382.6 hm²*，其中水田 814.4 hm²，旱地 568.2 hm²，粮食产量为 7 405 t，人均有粮 428 kg。同时实现草果种植 885.3 hm²，香蕉芭蕉种植 533.3 hm²，橡胶种植 300 hm²，茶叶种植 102 hm²；还结合退耕还林林调供杉木籽 450 kg，完成杉木种植面积 500 hm²，实现封山育林及封山管护林地 1 333.3 hm²。农村经济总收入 2 581 万元，人均经济收入 1 335 元。多年来，马鞍底乡利用优越的高山、半高山、低海拔 3 个区位和气候优势，在高寒山区加强了草果产业，在半高山区大力发展茶叶产业，同时做好古野生茶树群的保护工作，在低海拔地区加大热区经济作物的种植推广，发展香蕉、橡胶产业。为逐步提升小支柱产业的含金量，增加农民收入，还争取县科技局支持，实验种植了箐蒿、蓖麻等，效益较好。马鞍底现有公路里程 195 km，其中县道 29 km，乡村道路 78 km，巡逻道 58 km，专用道路 30 km。全乡现有 47 个自然村通公路，16 个自然村未通公路。中国移动和中国联通电话覆盖全乡 46 个自然村，覆盖率接近 100%。

7.4.2　存在问题

（1）交通通讯条件较差。

交通不便给当地经济发展带来了极大障碍，农户长期缺乏与外界的沟通，造成信息、资金、技术、人才的严重短缺。

（2）资源利用粗放。

马鞍底乡仍以传统农业为主，浅耕薄种，种植结构单一，科技含量低，投资不到位，缺乏规模经营。虽然自然资源丰富，但几乎停留于原始状态，没有发挥其应有的作用。

---

*　1 hm² = 15 亩。

（3）观念滞后。

由于交通闭塞、通讯不畅、教育落后，人的思想观念相对滞后，从而制约了当地经济的发展。

7.5　马鞍底 CAP 项目团队的确定

7.5.1　确定方法

项目团队是以保护生物多样性为核心目的，由负责设计、执行、监测及对项目后期评估等工作的人员组成的工作者群体。由于生物多样性保护本身就是一项多学科综合的工作，因此，应由具有不同知识背景，代表不同观点的人员组建项目团队，来协调和解决各种各样的实际问题，最终制定切实可行的保护策略是很有必要的。项目人员包括发起人、核心成员、项目顾问、利益相关者、项目主持人以及后勤人员等。通常按照会议讨论初步确定项目人员、制定团队章程、了解候选人兴趣、重新评估项目成员、定期审查团队人员构成以及关注利益相关者等步骤来确定。

7.5.2　团队构成

（1）项目发起人。

提出保护行动计划项目的构想和发起项目，有可能继续参与项目，也可能不继续参与。

（2）项目核心成员。

由负责项目设计和管理的人员组成。核心成员应包括项目主持人（能够带领团队完成整个 CAP 过程）、动植物学或相关学科专家、利益相关者（熟悉项目保护地气候、少数民族习俗、文化等，能协调项目与社区居民关系）、其他相关人员（如能协调项目与各级政府关系）等。

（3）项目顾问。

项目顾问原则上不属于项目团队，但可以为项目人员提供咨询。对 CAP 过程非常熟悉者可以担任顾问的角色，他们最好不是利益相关者，因为"局外人"往往能提供较为客观、中立、独到的意见。

（4）后勤人员。

主要为项目的顺利实施提供保障，包括物资准备、计划安排和实施等。

7.5.3　马鞍底 CAP 项目团队

该项目团队人员信息见表 7-3 和图 7-16。

表 7-3　马鞍底箭环蝶保护行动计划项目人员信息

姓　名	职称 / 学位	单位 / 职务	专业 / 技能	CAP 角色
王××	政府官员 / 博士	国家林业局濒危物种进出口管理办公室 / 副主任	动物保护与管理专家	项目政策顾问
夏××	政府官员	金平县政府 / 副县长	行政管理	项目行政顾问
陈××	研究员 / 博士	中国林科院资源昆虫研究所 / 所长	昆虫学家	项目技术顾问
史××	研究员	中国林科院资源昆虫研究所蝴蝶中心 / 主任	蝴蝶专家	项目发起人和主持，熟悉箭环蝶特性及综合价值
周××	教授 / 博士	昆明理工大学	环境专家	项目副主持，熟悉箭环蝶生态环境和 CAP
周××	高级工程师	西南林业大学	蝴蝶专家	项目执行，熟悉箭环蝶寄主、蜜源植物特性
刘××	教师	西南林业大学	蝴蝶专家	项目执行，熟悉箭环蝶寄主、蜜源植物特性
朱××	高级教师	金平县科技局 / 副局长	蝴蝶专家	项目执行，熟悉箭环蝶栖息地恢复与人工饲养
杨××	政府官员	金平县蝴蝶谷管理中心 / 主任	群众组织与宣传	项目执行，熟悉箭环蝶栖息地保护与维护
姚××	工程师 / 硕士	社会人员	后勤保障与联络	项目实施
蒲××	工程师 / 硕士	社会人员	资料收集与分析	项目实施

图 7-16　项目组部分工作人员

7.6　马鞍底 CAP 项目范围的确定

7.6.1　基本概念

项目范围的确定就是依据项目所关注的保护对象划定的保护区域，可以是单个区域，也可以是多个不连续的区域。当项目是针对活动很广的动物种群时，项目范围就可能是多个不连续的区域。确定项目范围是团队核心成员通过讨论，并与重要的利益相关者协商后确定的项目的地理位置和生态范围。当保护工作可能跨越某个划定的管理区域，或保护投入超出单一边界时，确定项目范围就显得尤为重要。利益相关者等合作伙伴参与规划过程，可以确保他们的利益在 CAP 过程中得到考虑和适当体现。确定项目范围要求项目人员就项目的基本特征达成共识。

7.6.2　主要步骤

（1）团队讨论，初步确定项目范围。

项目团队可以从项目关注的问题开始讨论。很多情况下，保护区规划提供了优先保护区域的概括描述。然而，计划过程的参与者应该结合实际，考虑并优化项目范围。借助诸如"项目范围应该包括哪些，不包括哪些"的问题来思考。通过讨论，项目团队将能够初步界定项目范围。关于保护对象的基本生态需求的信息也有助于确定合理的项目范围。项目范围确定和保护对象筛选两者相互支持。

（2）绘制项目区空间分布图。

初步确定了项目范围后，应在地理信息系统、基本图或者手绘草图上绘制项目区空间分布图。在与利益相关者讨论重点保护对象时，也可以采用参与性绘图的方式讨论。项目区边界应该划在何处并不总是很明显，但项目范围的划定对于项目结构和功能将产生深远的影响。通过划定项目区来确定项目，而不是确定了项目，再来划定项目区。重点保护对象一旦确定，也将有助于进一步确定在此阶段界定的项目区。

（3）制定项目总体目标。

项目总体目标一般具有相对概括、有预见性和简练的特点，从而使得每个项目参与者、重要的合作伙伴以及利益相关者都能准确地表述这一目标。

（4）重新审视项目区及项目团队资源。

对拟定的项目区边界的合理性进一步分析，如有需要，及时进行调整和修正。对于马鞍底箭环蝶保护行动计划项目，其项目范围主要为：马鞍底箭环蝶主要分布区域经纬度、海拔、面积、地图。

7.6.3 马鞍底箭环蝶的 CAP 范围

经专家团队与各利益相关方讨论协商，确定马鞍底箭环蝶的 CAP 范围为云南省金平苗族瑶族傣族自治县的马鞍底乡的行政区界范围。

7.7 重点保护对象的选择

7.7.1 选择标准

重点保护对象应能代表项目区生物多样性的整体情况，而且应以容易实施检测和评估成本较低作为基本标准。重点保护对象包括重要的物种、生态群落和生态系统以及维系它们的自然过程。不同类型的保护对象在选择时有不同的标准，具体如表 7-4 所示。

表 7-4   重点保护对象选择标准

保护对象类别	选择标准
物种	• 濒危或渐危物种 • 需要特别关注的物种（因其易危性、种群减少趋势、间断分布或特有性） • 焦点物种（包括关键物种、活动范围极大的物种和保护伞物种） • 在同一自然进程下，有着相同保护需求的主要物种组 • 具有全球意义的物种类群，如迁徙海岸鸟群等
群落	• 在特定空间范围内出现的物种集合体，包括植被群丛和群丛属
生态系统	• 共存于同一景观内的群落集合体 • 通过环境过程联系在一起 • 与环境特征（如地质）或环境梯度（如海拔）紧密相关 • 形成稳定的、分布集中的、特征明显的地理单元

明确重点保护对象，就是简明扼要地列出这一地区应作为保护对象的物种、群落，或大范围的生态系统。确定保护对象首先要分析这一地区的生物多样性成分。项目区生物多样性调查资料和数据对确定重点保护对象是至关重要的。

7.7.2 选择原则和步骤

（1）确定项目区的生态系统和种群。

特别关注大尺度生态系统和具有嵌套保护对象的生态系统。这类生态系统、伞护种以及关键种等能作为大尺度的保护对象。伞护种是一种特殊的物种，保护了该物种，就同时保护了该物种的栖息地以及在同一环境下的其他物种。种群提供了一种筛选某地区具有相同生态过程和相似保护需求的保护物种的方式。

（2）确定需要优先保护的群落或物种。

这类生态群落和物种应当具有上一步骤确定的生态系统不能涵盖的生态属性和保护需求。需要考虑的潜在保护群落和物种包括：因生态过程及所受威胁不同，需要特殊保护和管理的物种或物种组；分散在不同生态系统但有助于不同生态系统之间的连通和交流的特殊物种或物种组；其生态属性需要在项目区内进行保护的物种或者物种组，这类物种的特殊生命阶段也可作为重点保护对象（例如迁徙鸟类的巢区、停歇点、冬季栖息地，鱼类的产卵场等）。

（3）合并或拆分初步筛选的保护对象。

初步筛选的保护对象往往会存在属性相似或者生态位重叠的现象，因而课题组应将符合一定特点的保护对象进行合并。合并的保护对象应具有以下特点。

① 生长或栖息于同一景观之中。

② 需要的生态过程相似。

③ 面临的威胁因子相似。

④ 生存力分值接近，或者某个保护对象可看作是另一个保护对象的指示因子。

相反，如果一个保护对象包含不满足上述标准的物种或群落，可以考虑将它进行拆分。在之后的生存力分析、威胁因子分析以及制定保护对策等步骤，还会进一步完善保护对象的合并和拆分。

（4）确定至多8个保护对象。

经验表明，8个适当筛选的保护对象足以代表一个地区的生物多样性总体。如果选择8个以上保护对象，CAP过程会变得不必要的复杂和费时。

（5）分析嵌套保护对象并进行关联。

确定不是重点保护对象但与重点保护对象相关联的嵌套保护对象。

（6）重新审视项目团队构成、项目区的范围。

很多情况下，保护对象的确定将迫使项目团队重新审视项目范围/项目区。例如，可能需要扩大项目区的范围，以确保项目区包括某湖泊的重要流域。保护对象的选择也可能影响到项目团队构成，可能需要邀请其他人参与计划，或寻求其他人为团队就自己缺乏能力的内容提供咨询。

请注意，保护对象决定项目范围的大小，而不是项目范围大小决定保护对象。同时，保护对象的选择将会随着项目的进行不断地调整和完善。

7.7.3　马鞍底 CAP 的重点保护对象

为了集中资源，在能够满足保护目标实现的前提下，经认真研究，项目组最终确定马鞍底箭环蝶保护行动计划的重点保护对象为箭环蝶、中华大节竹和箭环蝶栖息地。

（1）重点保护物种——箭环蝶。

对象描述：

箭环蝶 *Stichophthalma howqua*（Westwood）属于环蝶科 Amathusiidae 串珠环蝶族 Faunini 箭环蝶属 *Stichophthalma* Felder & Felder 的一类大型蝶种。其雌、雄前翅面褐黄色，端半部灰白色，亚缘列由褐色矛状纹组成，后翅面全为褐黄色。雌蝶体型比雄蝶大，斑纹也较大，色更深。该蝶是我国分布的环蝶科蝶类中分布较广的一种蝴蝶。国内主要分布于南方地区，包括云南、四川、贵州、浙江、湖北、湖南、江西、福建、广东、广西、海南、台湾等地。国外分布于越南、老挝、泰国、缅甸和印度等。

箭环蝶寄主为多种竹类，比如中华大节竹（*Indosasa sinica*）、毛花酸竹（*Acidosasa hirtiflora*）、毛竹（*Phyllostachys heterocycla*）、红哺鸡竹（*Ph. iridescens*）、淡竹（*Ph. glauca*）、篌竹（*Ph. nidularia*）、雷竹（*Ph. praecox* f. *prevernalis*）、衢县红壳竹（*Ph. rutila*）、台湾桂竹（*Ph. makinoi*）、青皮竹（*Bambusa textilis*）、撑篙竹（*B. pervariabilis*）、香竹（*Chimonocalamus delicatus*）等。

马鞍底的箭环蝶成虫 1 年发生 1 代，出现 5~7 月份，主要分布于马鞍底的拉灯（海拔 900 m）、马拐塘（海拔 1 200 m）、普玛（海拔 1 560 m）、营盘（海拔 1 420 m）、中寨（海拔 1 100 m）、鸡窝寨（海拔 950 m）等地。幼虫主要取食中华大节竹（*I. sinica*）和毛花酸竹（*A. hirtiflora*），偶尔取食香竹（*Ch. Delicatus*）。箭环蝶在马鞍底受气候和环境因素的影响，每年均有不同程度的发生，形成一年一度的蝴蝶大聚会奇观（见图 7-17）。

选择理由：

① 箭环蝶成虫翅面暗黄色，飞行缓慢，为生态观赏、工艺制作和喜庆放飞三用优良蝶种。它是中国国家林业局第 7 号令《国家保护的有益的或者有重要经济、科学研究价值的陆生野生动物名录》中列入的种类，具有较高的生态、经济、科研以及美学等多方面的价值。在马鞍底为主要观赏蝶种，其生物量最大。

② 箭环蝶成虫拥有丰富的昆虫活性蛋白，营养价值高，可作为高档食品、保健品等，是一种待开发的优质再生性生物资源。研究结果表明，箭环蝶成虫的蛋白质含量为 73.0%，粗脂肪含量为 3.9%，矿质元素含量也非常丰富。其成虫的氨基酸总量为 622.5 mg/g，必需氨基酸总量为 245.6 mg/g，必需氨基酸占总的氨基酸含量为 39.5%，必需氨基酸总量与非必需氨基酸总量的比值为 0.65，它们的必需氨基酸指数为 1.153。数据说明，箭环蝶成虫具有较高的营养价值，其必需氨基酸含量高，必需氨基酸结构合理，蛋白质质量较高，为优质蛋白源，其应用前景广阔。

生存力分析：

① 繁殖代数：箭环蝶在马鞍底每年发生一代。平均产卵量为 50~150 粒，其个体繁殖力中等。

(a) 卵　　　　　　　　　　　(b) 幼虫

(c) 蛹　　　　　　　　　　　(d) 成虫

图 7-17　箭环蝶生活史图

② 生物量：箭环蝶的生物量在马鞍底各类蝴蝶中数量最大，但近年由于寄主植物品质不断降低，导致其个体相对瘦弱和群体生物量明显下降。

③ 种群数量：近年来，马鞍底箭环蝶的种群数量呈锐减趋势，具体表现在分布范围越来越小、可见度越来越小、单位面积的箭环蝶数量越来越少等。

生态危机及其直接威胁因子分析：

① 市场需求量巨大，有关人员对箭环蝶的保护意识淡薄，导致箭环蝶被大规模人为无序盗捕，致使其种群数量急剧减少。

② 大量使用农药，导致施药区及其相邻区域箭环蝶数量锐减。

③ 寄主植物大面积开花死亡，导致部分箭环蝶因缺食而死。

④ 栖息地被大量种植的香蕉、橡胶、杉木、玉米等经济作物挤占，导致箭环蝶因丧失生存空间而种群数量迅速下降。

⑤ 由于兴修城镇、公路、水库、居民点等大量基础性建设项目导致箭环蝶的栖息地碎片化，致使箭环蝶的可见度越来越低。

⑥ 天敌：包括捕食性的鸟类天敌和寄生性的微生物影响，主要对箭环蝶的幼虫生存造成威胁。

（2）重点保护群落——中华大节竹林。

对象描述：

中华大节竹 *Indosasa sinica* C. D. Chu & C. S. Chao 秆高达 18（25）m，直径 8（14）cm；节间长 30~40（65）cm，疏生小刺毛，微粗糙，幼时密被白粉，秆壁厚；秆环很隆起。秆每节分枝 3，枝近平展，枝环隆起。箨鞘脱落性，背面密被簇生小刺毛，在下半部尤密；箨耳较小，两面具小刺毛，缝毛长 1~1.5 cm；箨舌高 2~3 mm，背面有小刺毛，边缘具纤毛；箨片绿色，三角状披针形，外翻，两面密被小刺毛。小枝具叶 3~9；叶耳发达或有时不明显，缝毛长达 8 mm，早落；叶片长 12~22 cm，宽 1.5~3（6）cm，两面绿色，次脉 5~6 对，小横脉明显。笋期 4 月。花期 5 月。产贵州南部、云南东南部至南部和广西；福建、广东、江苏、浙江、四川有引栽。马鞍底的中华大节竹林分布相对丰富，数量多，分布广，但呈分散状态，面积逐年缩小，长势有好有坏、参差不齐，时有开花现象。

选择理由：

中华大节竹为箭环蝶重要寄主植物，是其幼虫的关键食物来源；中华大节竹林是箭环蝶的主要栖息地，其产卵、化蛹和成虫的补充营养也主要是在中华大节竹林中完成。

生存力分析：

① 由于中华大节竹本身的生物学规律，大约每 60 年为一个生长周期，一旦开花，便会大量死亡。马鞍底的中华大节竹亦处于相对老化状态，并且已经在一些区域出现开花死亡现象，应当引起足够重视。

② 马鞍底中华大节竹总的生物量依然可观，在国内亦属量大，但不利影响越来越多，整体状态大幅度退化，发展前景令人担忧。

③ 中华大节竹林越来越碎片化，其绝对数量不断缩减、竹林品质明显下降，现有竹林对箭环蝶的实际容纳能力和饲养能力在明显减弱。

生态危机及其直接威胁因子分析：

① 因其他经济植物替代种植，导致中华大节竹林被大量砍伐。

② 因大面积开花，导致中华大节竹林成片大量死亡。

③ 天敌影响：箭环蝶是中华大节竹的主要害虫。因此，必须处理好箭环蝶与中华大节竹的矛盾关系。如果箭环蝶种群数量过大，必然对中华大节竹造成严重伤害。所以，关键是要适当控制箭环蝶的种群数量。

（3）生态系统——箭环蝶栖息地。

对象描述：

箭环蝶的栖息地包括箭环蝶栖息环境中的所有生物与非生物因子，但主要是箭环蝶栖息地中的生物多样性环境、箭环蝶的寄主植物、箭环蝶的补充营养源（蜜源植物）、箭环蝶的天敌和箭环蝶的取水点等。尤其是海拔 950~1 560 m 范围内，以竹林为中心方圆 3～5 km 的热带雨林或山地常绿阔叶林。

选择理由：

栖息地是箭环蝶赖以生存的环境基础。

生态危机及其直接威胁因子分析：

①由于大规模发展香蕉、草果、橡胶、茶叶、杉木等经济林，导致箭环蝶栖息地被大量挤占。

②由于栖息地生物多样性的严重破坏，导致箭环蝶的栖息环境不断恶化。

③由于草果等单一林下经济植物的大量种植，导致箭环蝶栖息地综合品质严重下降。

④由于人类生产与生活等各种活动频率的加剧，导致对箭环蝶活动空间的挤压和活动区域的分割。

7.8　马鞍底 CAP 项目执行

7.8.1　确定保护范围

(1) 箭环蝶分布范围。

马鞍底箭环蝶的保护范围，基本上涵盖马鞍底乡辖区内的 6 个村委会、3 个街道的 65 个自然村。其重点分布区包括：拉灯、拉灯瀑布、马鞍底、马拐塘、牛场坪、干巴香、营盘山、大坪、荔枝树、鸡窝寨等（见图 7-18）。

(2) 重点保护范围。

指"马鞍底蝴蝶谷保护区"的保护范围，总面积 207 km²，实行分级保护（见图 7-19）。其中：

① 一级保护区：又称核心区，面积约 21.6 km²，占蝴蝶谷保护区总面积的 10.4%，为箭环蝶及其珍稀伴生蝶类赖以生存的寄主植物、蜜源植物相对集中、并具有核心保护价值的区域。

② 二级保护区：又称试验区，面积约 23.8 km²，占蝴蝶谷保护区总面积的 11.5%，为对生态环境和景观有直接影响、生态环境和景观质量较高、具有重要保护价值的区域。

③ 三级保护区：又称缓冲区，面积约 24.6 km²，占蝴蝶谷保护区总面积的 11.9%，为对蝴蝶谷自然环境和生态平衡有重要影响、需要加以保护的区域。

④ 农业耕作区：面积约 64.7 km²，占蝴蝶谷保护区总面积的 31.3%，为蝴蝶谷当地居民实施农业生产和经济种植的区域，需要加强宣传教育，制定行为规范，强化保护意识。

⑤ 外围生态保护区：面积约 72.3 km²，占蝴蝶谷保护区总面积的 34.9%，主要指处于马鞍底区域内的五台山国家级自然保护区，本身就是蝴蝶谷的天然生态保护区（见图 7-19）。

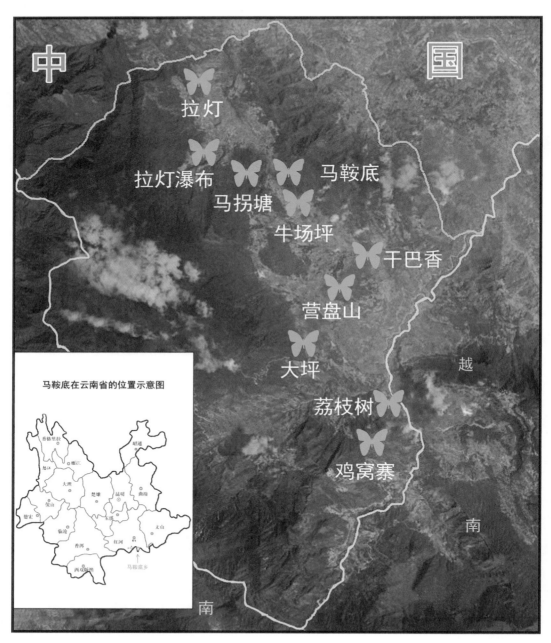

图 7-18　马鞍底箭环蝶主要分布区卫星遥感图

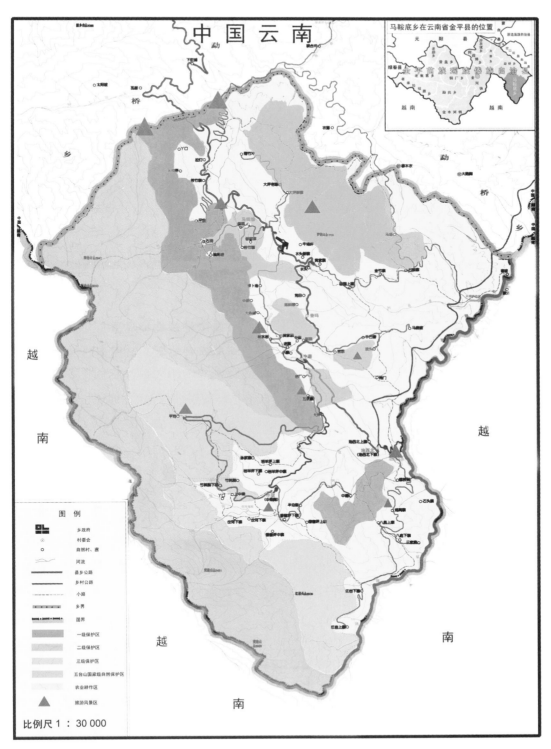

图 7-19　红河蝴蝶谷保护区功能分区图

7.8.2 关键威胁因子分析

7.8.2.1 直接威胁因子

(1)农药使用。

马鞍底箭环蝶栖息地周边大量种植香蕉及各种农作物，当地农民每年都要根据各种目标经济植物的害虫发生情况，大量使用各种农药，导致施药区及其相邻区域箭环蝶数量锐减。研究表明，0.0025% 浓度的拟除虫菊酯类杀虫剂，即可导致金斑蝶 *Danaus chrysippus* (Linnaeus)、碧凤蝶 *Papilio bianor* Cramer 等 5 龄幼虫 100% 死亡；用 2.5% 的鱼藤精乳油 500～800 倍液和 50% 的杀螟丹可湿性粉剂 800～1 000 倍喷雾，均可导致箭环蝶 5 龄幼虫 100% 死亡。

(2)化肥使用。

为了确保各种目标经济植物的收成，当地农民大量使用尿素等化肥，研究发现，当箭环蝶成虫吸食含有化肥的水分后，寿命明显缩短，并很快死亡。

(3)人为捕捉。

由于国内许多大城市公园或旅游风景区陆续兴建了许多蝴蝶观赏园、工艺品加工企业采用蝴蝶标本制作蝴蝶工艺品，以及广大蝴蝶爱好者对于蝴蝶标本的收藏，市场对箭环蝶的需求量巨大，加之相关人员对蝴蝶多样性保护的法律意识淡薄，甚至许多人根本不知道有《云南省金平苗族瑶族傣族自治县马鞍底蝴蝶谷保护管理条例》，导致一些不法商贩大量收购箭环蝶成虫，形成大规模人为无序盗捕，使得箭环蝶种群数量急剧减少。

(4)寄主危机。

寄主危机包括寄主死亡、寄主减少和寄主衰败。受环境、人为因素或自身生物学规律的影响，箭环蝶的主要寄主植物中华大节竹的生长状态也会受到相应影响。例如由于竹类植物的生物学特性所决定，一旦开花结实便意味着其生命周期的结束。近年来，因马鞍底地区的一些中华大节竹发生大面积虫害，或被箭环蝶幼虫吃完竹叶的现象，曾直接导致了受灾区域的箭环蝶幼虫因缺乏食物而大量死亡。

(5)天敌。

根据对金平县马鞍底乡鸟类情况的初步调查，冬候鸟有 6 种，留鸟有 38 种；国家 II 级保护鸟类 7 种。从鸟类的食性来看，29 种食虫鸟中，除生活于农田、河流等水边的 12 种外，生活在林区和竹林间的 17 种对箭环蝶有较大的威胁。此外，一些捕食性昆虫、寄生性菌类也对箭环蝶造成一定影响。

(6)栖息地破坏。

由于大量种植的香蕉、杉木、玉米等经济作物，箭环蝶的栖息地被严重挤占，导致箭环蝶因丧失生存空间而种群数量急剧减少。

7.8.2.2　间接威胁因子

(1) 气候变化。

箭环蝶的适生温度是 10～30℃，低于 5℃ 或高于 35℃，均可导致箭环蝶死亡。2013 年 12 月，马鞍底遭遇多年不遇的低温天气，甚至发生降雪，直接导致 2014 年马鞍底的箭环蝶种群数量锐减，当年未能出现往年 5、6 月箭环蝶大发生的景象。

(2) 森林砍伐。

一个完整、稳定的森林生态环境，是各类动物赖以生存的基本保证。天然林的大量砍伐和人工林的大量营造，都严重损害了森林的生物多样性，不仅植物变得单调、大型动物失去了生存的条件和活动的庇护，各种昆虫的栖息环境和寄主植物也必然受到相应影响，箭环蝶自然难于免受伤害。

(3) 基础建设。

由于兴修城镇、公路、水库、居民点等大量基础性建设项目，导致人为活动加剧，致使箭环蝶的可见度越来越少。

(4) 旅游开发。

马鞍底的旅游开发尚处于起始阶段，缺乏系统、规范、科学、有效的管理，各地游客主要在每年的 5～7 月来此观赏以箭环蝶为主的蝴蝶景观，常常造成人员拥挤，交通阻塞。游客所到之处，人声嘈杂、随地大小便、乱扔垃圾现象严重，给原本清净、美丽的自然环境带来极不和谐的因素，使得箭环蝶的正常活动同样受到严重干扰。

(5) 无序放牧。

马鞍底的畜牧业发展，给当地居民带来了一定的经济收益，但其无序、分散、原始、小规模的生产方式，不仅对当地的自然环境造成了负面影响，也严重损害了箭环蝶栖息地的质量和品质。

7.8.2.3　直接威胁因子对重点保护对象贡献估值

直接威胁因子对重点保护对象贡献估值，就是对每一个主要的直接威胁因子，根据其对重点保护对象的影响程度，进行专家和利益相关者打分，然后求平均值，以便在此基础上，制定对应的保护对策。表中的数值即是直接威胁因子对重点保护对象贡献的估值，其分值代表意义为：1——威胁很小，对重点保护对象几乎不造成影响；2——威胁一般，对重点保护对象有轻微影响；3——威胁较大，对重点保护对象有较大的影响；4——威胁大，对重点保护对象影响大；5——威胁很大，对重点保护对象影响严重，甚至危及生存（见表 7-5）。

表 7-5　直接威胁因子对重点保护对象贡献估值表

序　号	直接威胁因子	箭环蝶	中华大节竹	箭环蝶栖息地	平均分值
1	无序盗捕	5	2	2	3.0
2	寄主危机	3	4	2	3.0
3	农药与化肥	5	1	0	2.0
4	栖息地破坏	4	5	2	3.7
5	天敌	4	2	1	2.3

7.8.3　箭环蝶的保护对策

7.8.3.1　法律措施

在 2020 年之前，通过一系列措施使得马鞍底乡 90% 的村民和游客以及其他利益相关者了解到了与蝴蝶多样性保护有关的法律以及蝴蝶多样性对当地旅游经济发展的重要性。先后开展了一系列相关的活动，包括召开村民大会、散发和张贴相关资料，通过媒体（包括广播和电视）普及宣传与马鞍底箭环蝶保护相关的法律和知识，组织当地社区学校举办相关活动普及蝴蝶保护和识别的知识等。其中重要的法律包括：

（1）国际法。

主要有《濒危野生动植物种国际贸易公约》（CITES）附录 I 和附录 II，2010 年修订版。

（2）国内法。

主要有：

①《中华人民共和国野生动物保护法》。

②《国家重点保护野生动物名录》。

③《国家保护的有益的或者有重要经济、科学研究价值的陆生野生动物名录》。

（3）地方法。

2010 年初，金平苗族瑶族傣族自治县第十一届人民代表大会第三次会议认真审议了代表联名提出的立法保护马鞍底蝴蝶谷的议案，并作出了决议。5 月中旬，《马鞍底蝴蝶谷保护管理条例》的起草工作正式启动，并成立了领导小组和工作机构。经过长期不懈的努力，经 30 余次的补充、修改和完善，《马鞍底蝴蝶谷保护管理条例》终于在 2012 年 1 月 13 日经云南省金平苗族瑶族傣族自治县第十一届人民代表大会常务委员会第 5 次会议通过；2012 年 3 月 31 日经云南省第十一届人民代表大会常务委员会第 30 次会议批准；2012 年 5 月 31 日经云南省金平苗族瑶族傣族自治县第十一届人民代表大会常务委员会公告，并于 2012 年 10 月 1 日起施行。

云南省金平苗族瑶族傣族自治县马鞍底蝴蝶谷保护管理条例

第一条　为了加强对马鞍底蝴蝶谷（以下简称蝴蝶谷）的保护管理，合理开发利用蝴蝶谷资源，根据《中华人民共和国民族区域自治法》和有关法律法规，结合金平苗族瑶族傣族自治县（以下简称自治县）实际，制定本条例。

第二条　本条例所称蝴蝶谷是指自治县马鞍底乡境内除分水岭国家级自然保护区以外的区域，面积 207 平方公里。

第三条　在蝴蝶谷内从事生产、生活、旅游、经营、管理等活动的单位和个人，应当遵守本条例。

第四条　蝴蝶谷的保护管理实行科学规划、统一管理、严格保护、合理开发、永续利用的原则。

第五条　自治县人民政府应当加强蝴蝶谷的保护管理工作，将蝴蝶谷资源的保护管理与开发利用纳入国民经济和社会发展规划。

第六条　蝴蝶谷总体规划和详细规划由自治县人民政府负责编制，并按有关规定报批后组织实施。

经批准的规划，不得擅自变更。确需变更的，应当报原审批机关批准。

第七条　自治县人民政府设立蝴蝶谷保护管理机构（以下简称管理机构），隶属于文化旅游主管部门，负责蝴蝶谷的保护管理工作，行使本条例赋予的行政处罚权。

自治县人民政府的发展改革、国土资源、环境保护、住房城乡建设、农业、林业、水利、公安等部门和马鞍底乡人民政府，应当按照各自职责，做好蝴蝶谷保护管理的相关工作。

第八条　自治县人民政府应当制定优惠政策，改善投资环境，鼓励单位和个人开发利用蝴蝶谷资源，依法保护投资者的合法权益。

第九条　开发蝴蝶谷资源应当照顾当地群众的生产生活，维护土地、林地和房屋等所有权人、使用权人的合法权益。

第十条　自治县人民政府鼓励单位和个人从事蝴蝶种群保护的研究，支持在划定的区域内从事蝴蝶人工养殖、产品加工、旅游产品开发等活动。

第十一条　自治县人民政府应当扶持当地居民、农村合作经济组织保护和发展蝴蝶寄主植物、蜜源植物，发展生态农业和观光农业。

第十二条　自治县人民政府提倡有机无公害农业生产，减少化肥和农药的使用量。

第十三条　在蝴蝶谷内活动的单位和个人，应当爱护白袖箭环蝶、燕凤蝶、枯叶蛱蝶等珍贵濒危蝶类。

因科研、驯养繁殖需要捕捉、采集蝶类的卵、幼虫、蛹或者成虫的，应当向管理机构提出申请，并按规定的时间、范围、种类、数量进行捕捉。

第十四条　蝴蝶谷景区景点的设置应当符合蝴蝶谷总体规划。

蝴蝶谷内的旅游服务设施、景观建筑，应当与人文、自然景观相协调，村庄、集镇的建设，应当体现当地民族特色。

第十五条　蝴蝶谷资源实行有偿使用。利用蝴蝶谷资源从事经营活动的，应当依法缴纳资源有偿使用费。

进入蝴蝶谷景区景点游览的人员，应当按照规定购买门票。

自治县人民政府提取的门票收入和资源有偿使用费，主要用于蝴蝶谷的保护管理、生态建设、基础设施建设和因蝴蝶谷保护、开发造成财产所有权人、使用权人损失的补偿。

第十六条　在蝴蝶谷内进行下列活动的，有关部门在审批前，应当征求管理机构的意见。

（一）从事商业、食宿、娱乐、专线运输等经营活动；

（二）进行科学考察，捕捉、采集列入国家和省保护名录的野生动物、植物制作标本；

（三）驯养繁殖珍稀濒危动物、植物；

（四）影视拍摄，举办大型游乐活动等；

（五）开发水资源、矿产资源、森林资源。

第十七条　野生动物造成农作物损失和人畜伤亡的，管理机构应当会同有关部门进行评估，并按有关规定给予补偿。

第十八条　蝴蝶谷实行三级保护：

一级保护区为蝴蝶赖以生存的寄主植物、蜜源植物集中的区域及其他重要景点。

二级保护区为对生态环境和景观有直接影响，生态环境和景观质量较高，具有重要保护价值的区域。

三级保护区为对蝴蝶谷自然环境和生态平衡有重要影响，需要保护的区域。

一、二、三级保护区的界线由自治县人民政府划定，并设置界桩，予以公告。

第十九条　三级保护区内禁止下列行为：

（一）擅自改变水资源、水环境自然状态；

（二）乱砍滥伐林木、毁林开垦、烧荒；

（三）在原有林地改种杉木等针叶树种或者擅自引入外来物种；

（四）擅自猎捕、采挖、买卖列入国家和省保护名录的野生动物、植物；

（五）擅自修建建筑物、构筑物；

（六）超标排放大气污染物、水污染物；

（七）在非指定地点倾倒建筑、工业等废弃物或者生活垃圾；

（八）采用毒、炸、电等方法捕捞水生动物；

（九）森林防火期内未经批准在森林防火区内野外用火；

（十）非法携带易燃易爆物品和狩猎工具；

（十一）侵占、移动、毁坏界桩和保护标识、标牌；

（十二）刻划、涂污或者损毁古树名木、历史遗迹、自然景物以及公共设施；

（十三）擅自设置、粘贴广告或者标语。

第二十条　二级保护区内，除遵守本条例第十九条规定外，禁止下列行为：

（一）乱挖滥采竹笋，掘根，剥树皮，乱砍滥伐蝴蝶寄主植物、蜜源植物；

（二）擅自采集蝴蝶的卵、幼虫、蛹及成虫；

（三）修建储存有毒有害物品的设施。

第二十一条　一级保护区内，除遵守本条例第二十条规定外，禁止下列行为：

（一）探矿、采矿；

（二）开山采石、挖砂取土；

（三）建设宾馆、招待所、培训中心、疗养院等与蝴蝶谷资源保护管理无关的建筑物、构筑物；

（四）扩大草果、板蓝根等林下作物种植面积；

（五）喷洒农药；

（六）放牧，放养家禽；

（七）攀折树、竹、花、草。

第二十二条　在一、二级保护区内建设永久性建筑物、构筑物的，应当符合蝴蝶谷总体规划，有关部门在审批前，应当征求管理机构意见。

建设临时性建筑物、构筑物的，须经管理机构同意，在批准的时限内使用。

第二十三条　任何单位和个人都有保护蝴蝶谷资源的义务，有权对损害蝴蝶谷资源的行为进行制止和检举。

第二十四条　自治县人民政府对在蝴蝶谷保护管理工作中做出显著成绩的单位和个人，应当给予表彰奖励。

第二十五条　违反本条例有关规定的，由管理机构责令停止违法行为，有违法所得的，没收违法所得，并按下列规定予以处罚；构成犯罪的，依法追究刑事责任。

（一）违反第十九条第一项、第五项，第二十一条第一项、第二项、第三项规定之一的，限期恢复原状或者采取补救措施，并处一千元以上五千元以下罚款；情节严重的，并处五千元以上三万元以下罚款；

（二）违反第十九条第七项、第十三项规定之一的，责令清除，可以并处一百元以上五百元以下罚款；

（三）违反第十九条第八项，第二十条第二项，第二十一条第五项、第六项、第七项规定之一的，可以并处五十元以上五百元以下罚款；

（四）违反第十九条第十一项、第十二项规定之一的，责令予以恢复，赔偿损失，可以并处一百元以上五百元以下罚款。

第二十六条　违反本条例第十九条第二项、第三项、第四项、第九项，第二十条第一项，第二十一条第四项规定之一的，由自治县人民政府林业主管部门责令停止违法行为，依照有关法律给予处罚。

第二十七条　违反本条例第十九条第六项，第二十条第三项规定之一的，由自治县人民政府环境保护主管部门责令停止违法行为，予以恢复或者限期拆除，并处一千元以上一万元以下罚款；构成犯罪的，依法追究刑事责任。

第二十八条　违反本条例第十九条第十项规定的，由自治县公安机关责令停止违法行为，没收违禁物品，可以并处五十元以上五百元以下罚款；构成犯罪的，依法追究刑事责任。

第二十九条　当事人对行政处罚决定不服的，依照《中华人民共和国行政复议法》和《中华人民共和国行政诉讼法》的规定办理。

第三十条　管理机构和有关部门工作人员在蝴蝶谷保护管理工作中玩忽职守、滥用职权、徇私舞弊的，由其所在单位或者上级主管部门给予处分；构成犯罪的，依法追究刑事责任。

第三十一条　本条例经自治县人民代表大会审议通过，报云南省人民代表大会常务委员会审议批准，由自治县人民代表大会常务委员会公布施行。

自治县人民政府可以根据本条例制定实施办法。

第三十二条　本条例由自治县人民代表大会常务委员会负责解释。

2011 年 5 月 10 日至 12 日，时任红河州人大常委会副主任的侯伟国带领州交通局、州住建局、州旅游局、州环保局、州国土局、州林业局六个职能部门的领导，以及法工委全体人员到金平县对《马鞍底蝴蝶谷保护管理条例》的制定工作开展了立法调研。

调研组一行在时任金平县人大常委会主任的白建华、副主任王江兵、副县长夏永祥，金平县人民政府有关职能部门和马鞍底乡领导的陪同下，到马鞍底蝴蝶谷的天生桥、标水岩瀑布，马鞍底乡蝴蝶展览室进行了实地考察，并召开了立法调研座谈会，听取了县人民政府对马鞍底蝴蝶谷保护与开发的情况汇报和人大常委会制定《马鞍底蝴蝶谷保护管理条例》工作情况汇报。与会人员就如何制定《马鞍底蝴蝶谷保护管理条例》进行了热烈的讨论。州人大常委会领导就如何做好《马鞍底蝴蝶谷保护管理条例》（以下简称《条例》）提出了明确要求：

一是要充分认识制定条例的紧迫性和重要性。

二是要正确处理好保护与开发的关系。

三是要解决好制定条例中碰到的蝴蝶谷的定位、保护范围的划定、蝴蝶谷保护管理机构的设置、林地和农田的保护等一系列重点、难点问题。

四是要抓好对条例草案的修改补充完善，开好征求意见座谈会、专家论证会，加大条例（草案）的审议力度，确保立法的质量和效果。

2012 年 8 月，金平县委制定下发了《关于认真学习贯彻金平苗族瑶族傣族自治县马鞍底蝴蝶谷保护管理条例的通知》，通知要求：一要充分认识学习和贯彻实施《条例》的重大意义；二要加强学习，深入开展学习宣传《条例》活动；三要认真贯彻《条例》，切实保护蝴蝶谷资源。县旅游局、发改局、国土局、环保局、住建局、农林水和科学技术局、公安局等部门和马鞍底乡政府，要各司其职，加强沟通，做好蝴蝶谷保护管理的相关工作。县人大常委会要把贯彻实施《条例》列入人大监督的议事日程，适时开展监督检查，确保《条例》的贯彻实施。由此，全县上下掀起了学习《条例》的热潮。

对于业已颁布的《马鞍底蝴蝶谷保护管理条例》，应继续执行。

7.8.3.2　行政措施

在 2020 年之前，聘请有关专业评估机构，在对现有管理机构及其能力进行评估的基础上，提出具体完善办法和能力建设的对策，明确彼此的职责范围和协作机制，并通过组织一系列的现场培训、远程与离岗进修和相关项目的实施，使得 90% 以上的管理人员比较熟练掌握马鞍底箭环蝶保护的相关知识和政策法律，以确保相关管理机构的建设和协作机制基本完成。

（1）机构设置。

县人民政府设有林业局，作为传统专业部门负责箭环蝶的常规保护业务。

2012 年 8 月，由红河州编委正式批准成立了"马鞍底蝴蝶谷管理中心"，中心隶属于金平县文化体育旅游和广播电视局，负责依法保护蝴蝶谷风景区（箭环蝶集中分布区）内的生物资源和生态环境，同时统筹马鞍底蝴蝶谷的规划、保护、建设和管理工作。

马鞍底乡设有林业站，作为箭环蝶的基层专业保护机构。

各机构、组织应继续运行，但要根据工作需要适当补充一些懂技术、并有一定管理能力的专业人员，以提高机构效率和质量。

（2）管理办法。

在 2020 年前，组织政府、社区管理者，有关专家和技术人员，其他利益相关者，共同制定一系列行之有效的制度、办法和措施，以促进马鞍底箭环蝶保护工作的健康发展。

① 制定各项管理制度，规范马鞍底域内各类生产和建设行为，尽量减少对箭环蝶的负面影响。

② 制定马鞍底旅游管理办法，尽量减少和规范人类活动对箭环蝶的干扰。

③ 制定乡规民约和奖惩办法，加强对箭环蝶分布区基层居民的管理。

④ 提倡有机农业，减少农药和化肥的使用。

⑤ 采取一切有效措施，尽量较少环境污染。

⑥ 充分发掘马鞍底的可利用空间，补栽箭环蝶的寄主植物——中华大节竹。

⑦ 中心还会同有关部门，搞好马鞍底的植树绿化、护林防火、防治林木病虫害和防止水土流失等工作。

7.8.3.3　宣传措施

在 2020 年之前，通过组织一系列公众参与式的活动，普及马鞍底箭环蝶及其栖息地保护的相关知识，从而使得 85% 以上的公众及利益相关者认识主要的保护对象和基本掌握相关保护和法律知识。

（1）电视、广播。

利用电视、广播等大众媒体进行宣传。中央电视台、云南电视台、红河州电视台均分别对马鞍底的箭环蝶进行了多次专题报道。如 2009 年中央电视台少儿频道"芝麻开门"栏目播出的《探秘蝴蝶谷》，2011 年中央电视台科技教育频道播出的《幽谷蝶影》专题片。节目播出后，引起社会各界对马鞍底蝴蝶谷的浓厚兴趣和高度关注。

（2）报纸、刊物。

利用报纸、刊物等纸质媒体进行宣传。金平县政府先后利用各级、各类报纸和刊物，分别对马鞍底箭环蝶的科学价值、生态价值、观赏价值、利用价值等进行了多层次、多角度的宣传和报道。如 2009 年 3 月《中国国家地理》杂志刊登的《云南马鞍底·中国的蝴蝶谷》、9 月《影响力》杂志刊登的《云南发现蝴蝶伊甸园》等，相继报道了马鞍底蝴蝶谷的科考发现，获得社会各界的广泛好评。

（3）新媒体。

利用包括网络媒体、手机媒体、数字电视等进行宣传。也就是利用数字技术、网络技术，通过互联网、宽带局域网、无线通信网、卫星等渠道，以及电脑、手机、数字电视机等终端，以数字杂志、数字报纸、数字广播、手机短信、移动电视、网络、桌面视窗、数字电视、触摸媒体等方式，向外界传达马鞍底蝴蝶谷和箭环蝶相关信息的传播形态。目前，这一宣传措施已被金平人广泛采用，具体内容不胜枚举。

（4）户外宣传。

在马鞍底乡的天生桥、石头寨、鸡窝寨、苦马寨、标水岩等村寨累计设置或悬挂宣传板 100 多块，宣传覆盖率为 100%。

7.8.3.4　专题活动

2009 年，云南省人大常委会环资委就开展了"你我携手——保护生物多样性"环保世纪行主题活动，组织相关专家专门对马鞍底蝴蝶谷进行了专题考察和研讨。

截至目前，金平县已先后在马鞍底乡的 6 个村委会、3 个街道、65 个自然村以及 1 所中学、6 所小学开展了《马鞍底蝴蝶谷保护管理条例》的宣传工作。

7.8.4　箭环蝶的栖息地维护

2020 年前，在完成对马鞍底箭环蝶生存力、种群数量及其分布、箭环蝶栖息地调查和评估的基础上，制定并实施箭环蝶保护对策和行动措施。从而使得 90% 的箭环蝶种群和栖息地得到妥善的保护和维护；80% 受损的栖息地和中华大节竹林得以恢复。

7.8.4.1　目的

为箭环蝶提供必要的生存和发展空间。

7.8.4.2　方法

（1）保护现有栖息地。

采取行之有效的行政和技术措施，确保现有箭环蝶的栖息地免遭进一步破坏（见图 7-20）。

（2）提升栖息地质量。

在现有箭环蝶的栖息地得到有效保护的基础上，采取恢复生态学的方法，对碎片化的箭环蝶的栖息地进行恢复性营造，使其集中连片；通过人为干预，使箭环蝶栖息地的环境质量和庇护能力得到进一步的提升，为箭环蝶创造更加良好的生存环境（见图 7-21）。

（3）扩展栖息地面积。

在保证现有箭环蝶栖息地面积和质量的基础上，通过人为努力，有计划、有步骤地逐渐扩大箭环蝶栖息地面积，为箭环蝶提供更加广阔的生存空间。

图 7-20 天然箭环蝶栖息地

图 7-21 人工干预过的箭环蝶栖息地

7.8.5　箭环蝶的人工养殖

7.8.5.1　目的

通过对箭环蝶的人工养殖，科学获取箭环蝶的成虫活体和标本，以满足日益增长的市场需求，从而减轻对箭环蝶野生资源的需求压力；通过科学评估，将人工养殖生产出来的部分箭环蝶放归野外，以增加箭环蝶野生种群的数量和质量。

7.8.5.2　方法

（1）科学研究。

系统、深入开展箭环蝶的基础科学和应用技术研究，是箭环蝶保护工作可持续发展的重要基石。为此，需要抓紧、抓好以下几个方面的工作：落实箭环蝶科研机构；筹措箭环蝶科研经费；组建箭环蝶科研队伍；建立箭环蝶科研基地；做好箭环蝶科技成果转化工作。

针对箭环蝶本身的科研工作，则重点关注：箭环蝶栖息地野外动态监测点的建设和使用；箭环蝶生态学研究；箭环蝶栖息地恢复、维护试验示范；箭环蝶病虫害防治技术；箭环蝶人工养殖技术；箭环蝶寄主植物优化技术；箭环蝶综合加工和利用技术。

（2）天然基地利用。

利用天然中华大节竹或毛花酸竹林，划定适当面积作为箭环蝶野外放养区，实施箭环蝶半人工养殖。对于天然基地的利用，其关键一是人为控制放养数量，二是实行轮换养殖。也就是当对一块竹林进行箭环蝶放养时，另一块竹林可以保持正常生长状态；当放养箭环蝶的寄主植物取食量达到 50% 时，则转移到下一块新的竹林中继续放养。这样，既可保证箭环蝶有足够的食物，又可确保寄主植物维持其相对旺盛的生命力，从而实现箭环蝶现有天然食物源的可持续利用（见图 7-22）。

图 7-22　马鞍底天然基地中的箭环蝶幼虫收集

（3）养殖基地建设。

① 大田基地：位于马鞍底乡政府所在地附近，海拔 1 400 m，面积 0.73 hm² （见图 7-23、图 7-24、图 7-25、图 7-26、图 7-27）。

②野猪冲基地：位于马鞍底乡马拐塘村，海拔 840 m，面积 3.7 hm² （见图 7-28、图 7-29）。

③ 天生桥基地：位于马鞍底乡地西北村，海拔 700 m，面积 5.3 hm² （见图 7-30、图 7-31）。

（4）人工养殖组织。

① 帮助并鼓励当地群众成立相关组织，开展箭环蝶人工养殖（见图 7-32）。

② 成立专业机构开展箭环蝶人工养殖（见图 7-33）。

图 7-23　人工种植的中华大节竹

图 7-24　人工种植的毛花酸竹

图 7-25　停息在中华大节竹上的箭环蝶成虫

图 7-26　套袋养殖的箭环蝶蛹

图 7-27　箭环蝶套袋养殖

图 7-28　基地种植的伴生蝶寄主植物

图 7-29　基地种植的蜜源植物——五色梅

图 7-30　基地种植的伴生蝶寄主植物

图 7-31　基地种植的蜜源植物——马利筋

图 7-32　七彩蝴蝶专业合作社　　　　　图 7-33　金平生态研究院

7.8.6　建立和完善箭环蝶种群保护监测体系

在 2020 年之前，将建立和完善马鞍底箭环蝶种群保护监测体系，使得箭环蝶种群数量和分布区域控制在合理的的规模和范围；使得箭环蝶种群与主要寄主植物 - 中华大节竹之间形成一个良性的互动关系，以促进箭环蝶与中华大节竹和谐发展。

7.8.6.1　目的

通过对箭环蝶保护工作的全程监测，充分了解并掌握与箭环蝶生存与活动相关的各种影响因子及其变化规律，以便对箭环蝶实施更加有效的保护行为。

7.8.6.2　方法

(1) 箭环蝶活动环境监测。

箭环蝶活动环境监测包括：

① 气候监测：包括年平均温度，最高温度，最低温度；年平均湿度，月平均湿度；年平均降雨量，月平均降雨量；年无霜期；年日照时数；干旱、降雪、冰雹、风暴等灾害性天气。

② 环境监测：包括气体污染源（如二氧化碳），固体污染源，水污染源等。

③ 土壤因素：包括土壤变化，pH 等。

④ 植被因素：包括植被变化、外来有害物种等。

⑤ 其他生物因素：包括天敌，病虫害等。

⑥ 人为因素：包括农业生产，毁林开荒，放牧，基础建设，旅游开发等。

(2) 箭环蝶栖息地监测。

箭环蝶栖息地监测包括：

① 寄主植物状况：包括中华大节竹、毛花酸竹等箭环蝶主要寄主植物以及其他次要寄主植物的生长状态，面积变化，病虫发生情况，开花死亡情况等。

② 伴生植物状况：包括箭环蝶庇护植物，栖息植物，补充营养植物等的生长、变化。

（3）箭环蝶种群监测。

箭环蝶种群数量监测内容包括：

① 箭环蝶种群数量变化与环境、气候的关系。

② 箭环蝶种群数量变化与寄主植物的关系。

③ 箭环蝶种群数量变化与人为活动的关系。

④ 天敌（包括捕食性天敌和寄生性天敌）对箭环蝶种群数量变化的影响。

⑤ 其他因素对箭环蝶种群数量变化的影响。

（4）箭环蝶保护行为的监测。

箭环蝶保护行为监测内容包括：

① 箭环蝶保护行政执法的落实情况。

② 箭环蝶保护宣传的坚持情况与成效。

③ 箭环蝶栖息地恢复与保护工作的进展与成效。

④ 箭环蝶人工养殖工作的进展与成效等。

7.8.7 建立箭环蝶的保护评估体系

在 2020 年之前，在科学评估和研究的基础上，建立并完善马鞍底箭环蝶的保护评估体系，以便科学和客观地评价现有保护对策的有效性，从而使得马鞍底箭环蝶种群数量维持在一个合理健康的时间和空间范围内，使得箭环蝶的资源得以永续利用。

7.8.7.1 目标和原则

（1）目标。

① 保护马鞍底箭环蝶重要栖息地的相对完整。

② 缓解马鞍底箭环蝶野生种群数量的递减速度。

③ 确保箭环蝶资源的可持续利用。

（2）原则。

① 科学性：指评估方法设计科学。

② 针对性：指评估对象应于箭环蝶保护直接相关。

③ 客观性：指评估内容的安排符合客观规律。

④ 可操作性：指制定的评估指标便于操作、把握，并且有利于箭环蝶保护目标的实现。

7.8.7.2 方法

（1）评估等级与维度。

① 箭环蝶保护评估等级：分为好、较好、一般、差 4 个等级。

② 箭环蝶保护评估维度：分为栖息地、寄主植物、箭环蝶、人蝶关系 4 个方面。

（2）评估结果处理。

评估结果处理，就是在对马鞍底的箭环蝶及其栖息地、寄主植物以及与当地居民、来访者的关系进行系统评估的基础上，提出具有针对性的建议解决方案（见表7-6）。

表7-6　箭环蝶保护评估结果及处理建议对照表

项目状态	栖息地		寄主植物		箭环蝶		人蝶关系	
	表现	建议	表现	建议	表现	建议	表现	建议
好	林相完整，基本无外力干扰	维持现状	生长茂盛	维持现状	密度正常，飞翔状态好	维持现状	和谐	维持现状
较好	林相完整，有一定外力干扰	调整完善	生长一般	加强抚育	密度偏大或偏小，飞翔状态一般	人工疏蝶	能接受	略加调整
一般	林相有残缺，外力干扰大	责令整改	生长衰弱	补充调整	密度小，飞翔状态差	少量补充放飞	不舒服	加大调整力度
差	林相破败或消失，外力干扰严重	放弃	生长衰败或死亡	更换	可见度低，只能偶尔看到飞翔	加大放飞数量	难于接受	全面调整

第 8 章

结束语

众所周知，在浩瀚的生物资源宝库中，蝴蝶仅仅是沧海一粟。蝴蝶保护，特别是珍稀濒危蝴蝶保护，相对于整个生物多样性保护工作而言，的确微乎其微。但是，窥一斑而知全豹。如果连蝴蝶这一小小物种，都能引起人们的足够注意，大型物种自然不在话下。中国珍稀蝶类保护是一项长期而艰巨的工作。归结珍稀蝶类生存的威胁因素、弄清珍稀蝶类的致危原因、甄选珍稀蝶类保护对象、制定珍稀蝶类保护对策，编制针对具体蝶种的行之有效、便于操作的保护行动计划，目的在于梳理出一个中国珍稀蝶类保护的大致思路，权作抛砖引玉。

需要特别指出的是，环境在变化，时间在变化，社会在变化，应该在不同时期、根据不同情况，甄选适应当时实际的重点珍稀蝶类保护蝶种，始终让最珍贵、最稀少、最特殊、分布最狭窄、处境最危险、种群锐减最严重的蝶种，处于及时、合理、规范、强势的有效保护之下。因此，中国珍稀蝶类保护名录以及针对具体保护蝶种的保护措施也应随之进行增减、调整和变化。尤其是客观、适时、灵活的退出机制，是确保中国珍稀蝶类保护名录处于相对权威、便于操作状态的重要手段之一。即当一个被保护蝶种在实施相应保护措施之后，通过实地调查，其在自然界的可见度明显增加，濒于绝灭的危险性明显减弱，个体和种群数量明显增多，则应通过适当程序将该蝶种从中国珍稀蝶类保护名录中取消，并重新添加其他更需保护的蝶种。这样，就能确保将十分有限的保护资源，理性、高效、有针对性地用于最需要保护的珍稀蝶类物种，从而最大限度地减缓或减小有重要科学、生态和经济价值的珍稀蝶类物种的绝灭速度和绝灭危险，使之更有利于人类的长远利益。

保护环境、保护自然、保护森林、保护人类生存环境中的所有动植物资源，实质上就是保护人类自己。这也正是本书试图极力传递的一个重要信息，自然也是编著本书的意义所在。

主要参考文献

安娜. 空气污染令昆虫找不到花朵 [EB/OL]. http://xmwb.news365.com.cn/xqtygb/201408/t20140817_12 24242.html .2014-08-17/2014-10-26.

安莹. 南京蝴蝶越飞越少，品种比去年减少 1/3[EB/OL]. http：//news.qq.com/a/20070604/001128. htm.2007-06-04/2014-09-12.

包正云，刘泽华，霍晓杰. 2010. 青海祁连山地区四川绢蝶的繁殖生态学初步研究［J］. 青海草业，19（1）：36-38.

包正云. 2010. 青海祁连山地区四川绢蝶的访花行为和繁殖生态学研究［D］. 西宁：青海师范大学.

蔡月仙，廖森泰，吴福泉. 2003. 金裳凤蝶和裳凤蝶的人工饲养观察［J］. 广东农业科学，（5）：51-53.

曹天文，盖强，王根，等. 1994. 酪色苹粉蝶研究初报［J］. 山西农业大学学报，14（4）：384-386.

曹天文，王瑞，董晋明，等. 2004. 山西省蝶类多样性与地带分布［J］. 昆虫学报，47（6）：793-802.

曾菊平，周善义，丁健，等. 2012. 濒危物种金斑喙凤蝶的行为特征及其对生境的适应性［J］. 生态学报，32（20）：6527-6534.

曾菊平，周善义，罗保庭，等. 2008. 广西大瑶山濒危物种金斑喙凤蝶（广西亚种）的形态学、生物学特征［J］. 昆虫知识，45（3）：457-464.

曾菊平，周善义，罗保庭，等. 2007. 金斑喙凤蝶广西亚种生活史研究［J］. 广西科学，14（3）：323-326.

查玉平，骆启桂，王国秀，等. 2006. 后河国家级自然保护区蝴蝶群落多样性研究[J]. 应用生态学报，17（2）：265-268.

陈春泉，王井泉，杨建萍，等. 2007. 江西井冈山金斑喙凤蝶的初步调查［J］. 安徽农学通报，13（13）：148-149.

陈佳慧. "八八水灾"破坏栖息地台东250万只蝴蝶失踪. [J/OL]. http://www.chinataiwan.org/ taiwan/tw_Sciencenews/201001/t20100118_1225693.htm.2010-01-18/2014-10-22.

陈明勇，邹兴淮，邓敏，等. 2002. 中国蝴蝶养殖［M］. 昆明：云南科技出版社.

陈明勇，李正玲，王爱梅，等. 2012. 西双版纳蝶类多样性［M］. 昆明：云南美术出版社.

陈仁利，蔡卫京，周铁烽，等. 2011. 裳凤蝶污斑亚种的生物学与规模化饲养的初步研究［J］. 林业科学研究 24（6）：792-796.

陈仁利，何克军，龚粤宁，等. 2008. 雨雪冰冻灾害对南岭蝴蝶资源的影响［J］. 生态科学,27（6）：478-482.

陈树椿. 1999. 中国珍稀昆虫图鉴［M］. 北京：中国林业出版.

陈锡昌. 1997. 南岭国家自然保护区鳞翅目蝶类考察初报［J］. 昆虫天敌，19（1）：26-40.

陈晓鸣，周成理，史军义，等. 2008. 中国观赏蝴蝶［M］. 北京：中国林业出版.

陈志兵，顾凌云，裴恩乐，等. 2004. 麝凤蝶的发育起点温度和有效积温［J］. 昆虫知识，41（5）：
　480-482.

陈志兵，裴恩乐，段华荣，等. 2002. 麝凤蝶形态观察及生物学特性［J］. 昆虫知识，39（2）：
　141-143.

丁冬荪. 2013. 金斑喙凤蝶：蝴蝶皇后［J］. 森林与人类，（12）：148-151.

丁佳佳. 2010. 缙云山自然保护区蝴蝶群落生态学研究［D］. 重庆：重庆大学.

丁建清. 2002. 外来生物的入侵机制及其对生态安全的影响［J］. 中国农业科技导报，4（4）：16-20.

方健惠，李秀山. 2004. 嘉翠蛱蝶的生物学特性初步观察［J］. 昆虫知识，41（6）：592-593.

方健惠，骆有庆，牛犇，等. 2012. 君主绢蝶的生物学及生境需求［J］. 生态学报，32（2）：
　361-370.

方健惠. 2011. 以绢蝶为代表的甘肃南部地区蝶类生物学、多样性及区系研究［D］. 北京：北京林
　业大学.

方燕，钱蓓，陈颖，等. 2012. 浙江天童国家森林公园蝶类昆虫多样性研究［J］. 应用昆虫学报，49
　（5）：1327-1337.

房丽君，关建玲. 2010. 蝴蝶对全球气候变化的响应及其研究进展［J］. 环境昆虫学报，32（3）：
　399-406.

高可，房丽君，尚素琴，等. 2013. 陕西太白山南坡蝶类的多样性及区系特征［J］. 应用生态学报，
　24（6）：1559-1564.

戈峰. 2008. 昆虫生态学原理与方法［M］. 北京：高等教育出版社. 307-314.

顾茂彬. 2003. 试论海南省蝴蝶保护与可持续性利用的关系［J］. 生物多样性，11（1）：86-90.

郭振营. 2013. 濒危物种太白虎凤蝶 *Luehdorfia taibai* 保护生物学研究［D］. 杨凌：西北农林科技大学.

韩基韬. 来香港越冬蝴蝶减少九成［EB/OL］. http://gb.cri.cn/27824/2011/06/21/5311s3283849.htm，
　2011-06-21/2014-09-12.

何桂强，贾凤海，朱欢兵. 2011. 江西桃红岭中华虎凤蝶种群分布和数量调查［J］. 江西中医学院学
　报，23（2）：75-76.

何桂强，贾凤海. 2012. 井冈山金斑喙凤蝶 *Teinoplus aureus* Mell 种群数量调查和寄主发现［J］. 南昌
　工程学院学报，31（4）：68-70.

和秋菊，易传辉，王珊，等. 2008. 昆明市区蝴蝶群落多样性研究［J］. 西北林学院学报，23（3）：
　147-150.

胡冰冰，李后魂，梁之聘，等. 2010. 八仙山自然保护区蝴蝶群落多样性及区系组成［J］. 生态学报，
　30（12）：3226-3238.

黄斌，殷海成，张尚文. 2003. 湖北应山自然保护区蝶类多样性及区系的研究［J］. 信阳师范学院学
　报：自然科学版，16（1）：58-61.

黄光斗，晏坤乾，周伟，等. 2002. 裳凤蝶污斑亚种的生物学特征［J］. 昆虫知识，39（3）：
　224-226.

黄国华，李密，周红春. 2009. 宽尾凤蝶的保护生物学研究［J］. 湖南农业大学学报：自然科学版，

35（6）：660-663.

黄寿山，田明义，王敏，等. 2002. 中国金斑喙凤蝶研究进展［J］. 武夷科学，18（12）：269-271.

黄琰. 谁破坏了蝴蝶的安乐家园［EB/OL］. http：//news.ts.cn/content/2006-11/21/content_1379064.htm.
　　2006-11-21/2014-10-28.

霍晓杰，刘泽华，包正云，等. 2010. 青海祁连地区四川绢蝶成虫习性的初步观察［J］. 昆虫知识，
　　47（5）：1002-1005.

霍晓杰. 2010. 青海祁连山地区四川绢蝶的生物学特性及各因素对其活动影响的研究［D］. 西宁：
　　青海师范大学.

居峰，王鹏善，刘曙雯，等. 2010. 紫金山蝶类区系种类变化及分析［J］. 安徽农业科学，38（3）：
　　1279-1284.

李百万，沈强，熊小萍，等. 2005. 竹箭环蝶的生物学特性及防治技术［J］. 华东森林经理，19（1）：
　　48-49.

李密. 2011. 乌云界国家级自然保护区蝴蝶保护生物学研究［D］. 长沙：湖南农业大学.

李秀山，张雅林，骆有庆，等. 2006. 长尾麝凤蝶生活史、生命表、生境及保护［J］. 生态学报，26
　　（10）：3184-3197.

李秀山，张雅林. 2004. 长尾麝凤蝶的生物学、濒危机制与保护研究［A］. 当代昆虫学研究：中国昆
　　虫学会成立60周年纪念大会暨学术讨论会论文集［C］. 北京：中国农业科学技术出版社.

李秀山. 2003. 白水江自然保护区蝶类多样性及珍稀种类濒危机制与保护措施研究［D］. 杨凌：西
　　北农林科技大学.

李秀山. 2010. 气候变暖对生物多样性的影响评价：以蝴蝶作为指示种［A］. 第七届中国生物多样
　　性保护与利用高新科学技术国际论坛论文集［C］. 北京：北京科学技术出版社.

林芳淼，袁兴中，吴玉源，等. 2012. 快速城市化区域不同生境类型的蝴蝶多样性［J］. 生态学，31
　　（10）：2579-2584.

刘红杰. 2004. 从台湾蝴蝶锐减说绿色生态［J］. 生态经济，（3）：78-80.

刘良源. 2009. 江西生态蝶类志［M］. 南昌：江西科学技术出版社.

刘巧娟，薛智龙. 2009. 浅谈林区基本建设管理［J］. 陕西林业科技，（2）：128-129.

刘羡. 港"蝴蝶天堂"林木被焚毁生态或遭严重破坏［EB/OL］. http：//www.chinanews.com/ga/gamy/
　　news/2008/12-15/1487457.shtml.2008-12-15/2014-10-08.

刘阳. 2012. 浅谈博物馆在濒危物种保护上应发挥的作用：以武夷山金斑喙凤蝶为例［J］. 福建文博，
　　（2）：81-84.

卢盛贤，李学武，马军，等. 2005. 滇东南文山地区蝴蝶多样性及其保护对策［J］. 文山师范高等
　　专科学校学报，18（1）：29-31.

罗志文，李世震，李春丰，等. 2005. 丝带凤蝶的生物学特性研究初报［J］. 佳木斯大学学报：
　　自然科学版，23（3）：437-442.

吕学农，段晓东，王文广，等. 1998. 阿勒泰山蝴蝶种类调查及其垂直分布的研究［J］. 生物多样性，
　　7（1）：8-14.

马建章，邹红菲，郑国光. 2003. 中国野生动物与栖息地保护现状及发展趋势［J］. 中国农业科技导

报，5（4）：3-5.

马祖飞，李典谟. 2002. 竞争指数及其在小红珠绢蝶保护生物学研究中的应用［J］. 生态学报，22
（10）：1695-1698.

毛秀梅. 2008. 我国野生动植物保护现状［J］. 农业科技与信息，（19）：54-55.

穆孜颉. 2013. 大气与重金属污染对昆虫个体及群落的影响［J］. 河北林业科技，（3）：62-64.

蒲正宇，史军义，姚俊，等. 2013. 保护行动规划在蝶类多样性保护上的应用：以金殿国家森林公园
蝶类多样性保护为例［J］. 山东林业科技，43（1）：95-99.

蒲正宇，史军义，姚俊，等. 2014. 箭环蝶营养成分分析［J］. 中国农学通报，30（9）：307-310.

蒲正宇，史军义，姚俊，等. 2014. 枯叶蛱蝶幼虫和蛹的营养成分分析［J］. 湖南农业大学学报：
自然科学版，40（4）：440-444.

蒲正宇，史军义，姚俊，等. 2013. 昆明金殿国家森林公园蝶类多样性季节性变化研究［J］. 草业学报，
22（2）：109-116.

蒲正宇，史军义，姚俊，等. 2014. 艳妇斑粉蝶生物学特性研究［J］. 生态科学，33（2）：386-389.

蒲正宇，史军义，姚俊，等. 2013. 燕凤蝶生物学及人工养殖技术初探［J］. 江苏农业科学，41（6）：
202-203.

蒲正宇，史军义，姚俊，等. 2013. 苎麻珍蝶人工繁育技术研究［J］. 浙江农业科学，（7）：890-893.

蒲正宇，周德群，王鹏华，等. 2012. 昆明金殿国家森林公园不同生境类型蝶类多样性［J］. 东北林
业大学学报，40（7）：128-130，134.

蒲正宇，周德群，姚俊，等. 2011. 中国蝶类生物多样性生存现状及其新的保护模式探索［J］. 生态经济，
（11）：148-151，165.

蒲正宇. 2012. 昆明金殿国家森林公园蝶类多样性研究与保护［D］. 昆明：昆明理工大学.

漆波，杨萍，邓合黎. 2006. 长江三峡库区蝶类群落的物种多样性［J］. 生态学报，26（9）：
3049-3059.

潜祖琪，童雪松. 1999. 黑紫蛱蝶生物学特性的研究［J］. 华东昆虫学报，8（1）：62-65.

荣秀兰，周兴苗，雷朝亮，等. 2005. 苎麻赤蛱蝶生物学特性和有效积温的研究［J］. 华中农业大学
学报，24（2）：143-145.

史军义，周成理，陈晓鸣. 2005. 蝴蝶异地放飞中的生物入侵风险评估与管理［J］. 林业科学研究，
18（5）：621-627.

史军义，卢德阳，何瑞，等. 2010. 报喜斑粉蝶的生物学初步观察［J］. 四川动物，29（4）：
573-575.

史军义，王明旭，姚俊，等. 2013. 蝴蝶园设计、建设与管理［M］. 北京：科学出版社.

史军义，王明旭，姚俊，等. 2014. 蝴蝶主题公园及其建设模式［J］. 江苏林业科技，41（6）：21-52.

史军义，蒲正宇，姚俊，等. 2015. 蝴蝶营养研究与开发［M］. 北京：科学技术出版社.

寿建新，周尧，李宇飞. 2006. 世界蝴蝶分类名录［M］. 西安：陕西科学技术出版社.

孙虹霞，刘颖，张古忍. 2007. 重金属污染对昆虫生长发育的影响［J］. 昆虫学报，50（2）：
178-185.

谭济才，李密，周红春，等. 2010. 湖南首次发现中华虎凤蝶种群及其栖息地［J］. 湖南农业大学学

报：自然科学版，36（6）：683-684.

汤春梅，杨庆森，蔡继增. 2010. 甘肃小陇山林区不同生境类型蝶类多样性研究［J］. 昆虫知识，47（3）：563-567.

童雪松，潜祖琪. 1991. 中华虎凤蝶的生态研究［J］. 丽水农业科技，（1）：18-21.

汪松，解焱. 2005. 中国物种红色名录（第三卷·无脊椎动物）［M］. 北京：高等教育出版社.

汪永俊，孙巧云. 1998. 中华虎凤蝶的饲养技术及其保护园的建立［J］. 江苏林业科技，25（3）：39-43.

王金平，卢东升. 1998. 信阳麝凤蝶人工饲养初步观察［J］. 信阳师范学院学报：自然科学版，11（3）：278-230.

王鹏华，周德群，刘大昌，等. 2012. 保护行动规划（CAP）在中国的应用现状及前景分析［J］. 林业调查规划，37（6）：95-99.

王文明，邹志文，贾凤海，等. 2010. 中华虎凤蝶研究简述［J］. 江西植保，33（3）：100-103.

王文明. 2011. 中华虎凤蝶和金斑蝶在燕山地区的生物学特性研究［D］. 南昌：南昌大学.

吴静，张迎春，霍科科. 2007. 陕西秦巴山区凤蝶调查与研究［J］. 陕西师范大学学报：自然科学版，35（1）：90-95.

吴卫明，陈满秀. 2008. 舜皇山国家森林公园蝶类资源的保护和利用［J］. 湖南科技学院学报，29（4）：66-67.

五十岗迈，福田晴夫. 2000. The life histories of Asian butterflies（Ⅱ）［M］. 东京：东海大学出版社.

武春生. 2002. 中国阿波罗绢蝶的资源状况［A］. 昆虫学创新与发展：中国昆虫学会 2002 年学术年会论文集［C］. 北京：中国科学技术出版社：684-686.

武春生. 2010. 中国动物志·昆虫纲·鳞翅目·粉蝶科［M］. 北京：科学出版社.

武春生，孟宪林，王蘅，等. 2010. 中国蝶类识别手册［M］. 北京：科学出版社.

武正军，李义明. 2003. 生境破碎化对动物种群存活的影响［J］. 生态学报，23（11）：2424-2435.

谢文海，黄实颌，黄秀娇，等. 2006. 玉林城郊春、夏蝶类资源多样性［J］. 玉林师范学院学报：自然科学，27（5）：95-99.

徐世才，张修谦，刘长海，等. 2009. 菜粉蝶发育起点温度和有效积温的研究［J］. 长江蔬菜：学术版，（20）：64-66.

许创，陈应首，羊才荣，等. 2002. 海口市蝴蝶资源的调查［J］. 海南大学学报：自然科学版，20（1）：48-53.

许雪峰，孙希达，楼信权. 1998. 中华虎凤蝶生物学特性的研究［J］. 宁德师专学报：自然科学版，10（3）：179-180.

薛芳森，魏洪义，朱杏芬. 1996. 温度对黑纹粉蝶滞育维持和终止的影响［J］. 江西植保，19（1）：15-20.

闫任沛，陈申宽，许贞淑，等. 2001. 呼伦贝尔盟蝶类研究［J］. 内蒙古民族大学学报：自然科学版，16（3）：274-276.

阳艳萍，周纪刚，李运龙，等. 2012. 惠州地区蝴蝶种类调查初报［J］. 惠州学院学报：自然科学版，32（3）：66-68.

杨航宇, 芦维忠. 2011. 甘肃省凤蝶类新记录: 太白虎凤蝶 [J]. 西北农业学报, 20 (3): 1-2.

杨萍, 刘琼, 吴平辉, 等. 2006. 金裳凤蝶 *Troides aeacus* (Felder & Felder) 生物学特性 [J]. 重庆林业科技, (3): 12-14.

杨萍, 漆波, 邓合黎, 等. 2005. 枯叶蛱蝶的生物学特性及饲养 [J]. 西南农业大学学报: 自然科学版, 27 (1): 44-49.

杨萍, 吴平辉, 陈冰勇, 等. 2006. 三尾凤蝶 *Bhutanitis thaidina* (Blanchard) 记述 [J]. 重庆林业科技, (3): 11-12.

杨瑞, 张雅林, 冯纪年. 2008. 利用 ENFA 生态位模型分析玉带凤蝶和箭环蝶异地放飞的适生性 [J]. 昆虫学报, 51 (3): 290-297.

姚洪渭, 叶恭银, 胡萃, 等. 1999. 温度对中华虎凤蝶幼虫生存与生长发育的影响 [J]. 昆虫知识, 36 (4): 199-202.

姚俊, 蒲正宇, 史军义, 等. 2013. 将活体蝴蝶展览引入营销活动分析 [J]. 山东林业科技, 43 (5): 104-106.

姚俊, 蒲正宇, 史军义, 等. 2013. 我国蝴蝶资源开发利用现状与前景展望 [J]. 浙江农业科学, (9): 1132-1134.

姚肖永. 2007. 秦岭地区虎凤蝶 (*Luehdorfia*) 的研究 [D]. 西安: 西北大学.

易传辉, 陈晓鸣, 史军义, 等. 2008. 光周期和温度对枯叶蛱蝶幼虫生长发育的影响 [J]. 昆虫知识, 45 (4): 597-599.

易传辉, 和福仙, 和秋菊, 等. 2011. 玉龙尾凤蝶的生物学特性初步研究 [J]. 应用昆虫学报, 48 (5): 1505-1058.

易传辉, 和秋菊, 王琳, 等. 2011. 三尾褐凤蝶的分布现状、濒危原因与保护性研究 [J]. 湖北农业科学, 50 (14): 2851-2854.

应霞玲, 曾玲, 庞雄飞. 2002. 温度对金扇凤蝶生长发育的影响 [A]. 昆虫学创新与发展: 中国昆虫学会 2002 年学术年会论文集 [C]. 北京: 中国科学技术出版社.

于非, 王晗, 王绍坤, 等. 2012. 阿波罗绢蝶种群数量和垂直分布变化及其对气候变暖的响应 [J]. 生态学报, 32 (19): 6203-6208.

余波, 陈国强, 蒋艳云. 2010. 金裳凤蝶人工养殖技术初探 [J]. 林业调查规划, 35 (1): 114-117.

袁德成, 买国庆, 薛大勇, 等. 1998. 中华虎凤蝶栖息地、生物学和保护现状 [J]. 生物多样性, 6 (2): 105-115.

袁锋. 2002. 名蝶的特征、形成、发展与保护 [A]. 李典谟. 昆虫学创新与发展 [C]. 北京: 中国科学技术出版社.

袁雨, 宗秋菊, 周剑锋, 等. 2003. 长白山区麝凤蝶研究 [J]. 农业与技术, 23 (5): 81-83, 102.

张明. 山火殃及港 "蝴蝶天堂" 大量珍贵蝴蝶被烧死 [EB/OL]. http://www.chinanews.com/news/2004 /2004-10-25/26/498189. shtml. 2004-10-25/2014-10-28.

张墨谦, 周可新, 薛达元. 2007. 种植橡胶林对西双版纳热带雨林的影响及影响的消除 [J]. 生态经济, (2): 377-378.

张鑫, 胡红英, 吕昭智. 2013. 新疆东部天山蝶类多样性及其垂直分布 [J]. 生态学报, 33 (17):

5329-5338.

张远林. 2001. 甘肃省绢蝶资源及保护对策［J］. 甘肃林业科技, 26（3）: 53-55.

张泽钧, 段彪, 胡锦矗. 2001. 生物多样性浅谈［J］. 四川动物, 20（2）: 110-112.

张智勇, 李梓辉, 刘良源, 等. 1992. 金裳凤蝶生物学特性初步观察［J］. 江西林业科技,（2）: 20-21.

赵彩云, 李俊生, 罗建武, 等. 2010. 蝴蝶对全球气候变化响应的研究综述［J］. 生态学报, 30（4）: 1050-1057.

赵越, 梁飞燕, 眭敏, 等. 2010. 天目山苎麻珍蝶生物学特性与生境调查初步研究［J］. 南京师大学报: 自然科学版, 33（2）: 58-62.

郑鹤鸣, 虞磊, 侯银续, 等. 2012. 大别山区皖鄂蝶类多样性比较研究［J］. 安徽农业科学, 40（21）: 10911-10913.

周成理, 史军义, 陈晓鸣, 等. 2006. 枯叶蛱蝶规模化人工繁育研究［J］. 北京林业大学学报, 28（5）: 107-113.

周成理, 史军义, 易传辉, 等. 2005. 枯叶蛱蝶 Kallima inachus 的生物学研究［J］. 四川动物, 24（4）: 445-450.

周春玲, 蒋国芳. 1996. 广西金斑喙凤蝶生物学特性初步观察及其保护［J］. 广西科学院学报, 12（1）: 24-26.

周丽君, 张立军. 1981. 宽尾凤蝶白斑亚种的初步观察［J］. 昆虫知识,（6）254-255.

周善森, 刘伟, 周红敏, 等. 2011. 中国宽尾凤蝶的生物学特性研究［J］. 浙江林业科技, 31（2）: 61-64.

周善义, 曾菊平, 罗保庭, 等. 2007. 接近灭绝的物种: 金斑喙凤蝶［J］. 科学世界,（6）: 48-48.

周尧. 2000. 中国蝶类志: 修订本［M］. 郑州: 河南科学技术出版社.

周尧. 1998. 中国蝴蝶分类与鉴定［M］. 郑州: 河南科学技术出版社.

周繇. 2002. 乌苏里虎凤蝶临江亚种的生活习性［J］. 昆虫知识, 39（4）: 307-309.

朱永红. 2010. 泰山风景区观赏蝶类区系及麝凤蝶生物学的研究［D］. 泰安: 山东农业大学.

诸立新, 孙灏, 黄宇营, 等. 2009. 安徽琅琊山铜矿蝶类重元素 X 荧光分析［J］. 昆虫知识, 46（3）: 456-459.

诸立新. 2005. 安徽天堂寨国家级自然保护区蝶类名录［J］. 四川动物, 24（1）: 47-49.

左传莘, 王井泉, 郭文娟, 等. 2008. 江西井冈山国家级自然保护区蝶类资源研究［J］. 华东昆虫学报, 17（3）: 220-225.

吴桦. 2007. 蝴蝶: 环境变化的指示生物［J］. 世界科学（12）.

罗益奎, 徐永亮. 2004. 郊野情报蝴蝶篇［M］. 香港: 渔农自然理事会.

Feber R E, Brereton T M, Warren M S, & al. 2001.The impacts of deer on woodland butterflies: the good, the bad and the complex [J]. Forestry, 74（3）: 271-276.

Hardy P B, Dennis R L H. 1999.The impact of urban development on butterflies within a city region [J]. Biodiversity and Conservation, 8: 1261-1279.

Gao, K, Li X S, Guo Z Y, & al. 2014. The bionomics, habitat requirements and population threats of the butterfly Bhutanitis thaidina in Taibai Mountain [J]. Journal of Insect Conservation, （18）: 29-38.

Mikkolak K. 1997. Population trends of Finnish Lepidoptera during 1961-1996 [J]. Entomologica Fennica, （3）: 121-143.

Thomas H S, Larry J O, Olaf M. 1997.A comparison of price, rarity and cost of butterfly specimens: Implications for the insect trade and for habitat conservation [J]. Ecological Economics,（21）: 77-85.

TNC. 2007. Conservation Action Planning Handbook: Developing Strategies, Taking Action and Measuring Success at Any Scale. The Nature Conservancy, Srlington, VA.

World Resources Institute, The World Conservation Union and United Nations Environment Programme.1993. Global Biodiversity Strategy [M]. Beijing: China Standard Press.

Li X S, Luo Y Q, Zhang Y L,et al.2010. On the conservation biology of a Chinese population of the birdwing Troides aeacus（Lepidoptera: Papilionidae）[J]. Journal of Insect Conservation, （14）: 257-268.

Li X S, Luo Y Q,Yuan S Y, & al.2011. Forest management and its impact on present and potential future Chinese insect biodiversity: A butterfly case study from Gansu Province [J]. Journal for Nature Conservation, （9）: 285-295.

Dennis R L H. 1993. Butterlies and Climate Change [M]. Manchester: Manchester University Press.

附　　录

附录 1

中 文 名	学 名	限 制 级 别
亚历山大鸟翼凤蝶	*Ornithoptera alexandrae*	附录 I
吕宋凤蝶	*Papilio chikae*	
荷马凤蝶	*Papilio homerus*	
科西嘉凤蝶	*Papilio hospiton*	
斯里兰卡曙凤蝶	*Atrophaneura jophon*	附录 II
印度曙凤蝶	*Atrophaneura pandiyana*	
尾凤蝶属（褐凤蝶属）所有种	*Bhutanitis* spp.	
鸟翼凤蝶属所有种（初被列入附录 I 的物种）	*Ornithoptera* spp.	
阿波罗绢蝶	*Parnassius apollo*	
裳凤蝶属所有种	*Troides* spp.	
喙凤蝶属所有种	*Teinopalpus* spp.	
红颈鸟翼凤蝶属所有种	*Trogonoptera* spp.	

附录 2

《国家重点保护野生动物名录》中的蝶类

科	属	种名：中文名（拉丁学名）	保 护 级 别
凤蝶科 Papilionidae	喙凤蝶属 *Teinopalpus*	金斑喙凤蝶 *Teinopalpus aureus*	Ⅰ级
	尾凤蝶属 *Bhutanitis*	双尾凤蝶 *Bhutanitis mansfieldi*	Ⅱ级
		三尾凤蝶东川亚种 *Bhutanitis thaidina dongchuanensis*	Ⅱ级
	虎凤蝶属 *Luehdorfia*	中华虎凤蝶华山亚种 *Luehdorfia chinensis huashanensis*	Ⅱ级
绢蝶科 Parnassiidae	绢蝶属 *Parnassius*	阿波罗绢蝶 *Parnassius apollo*	Ⅱ级

附录 3

《国家保护的有益的或者有重要经济、科学研究价值的
陆生野生动物名录》中的蝶类

科	中 文 名	学　名
凤蝶科 Papilionidae	喙凤蝶属（所有种）	*Teinopalpus* spp.
	虎凤蝶属（所有种）	*Luehdorfia* spp.
	锤尾凤蝶	*Losaria coon*
	台湾凤蝶	*Papilio thaiwanus*
	红斑美凤蝶	*Papilio rumanzovius*
	旖凤蝶	*Iphiclides podalirius*
	尾凤蝶属（所有种）	*Bhutanitis* spp.
	曙凤蝶属（所有种）	*Atrophaneura* spp.
	裳凤蝶属（所有种）	*Troides* spp.
	宽尾凤蝶属（所有种）	*Agehana* spp.
	燕凤蝶	*Lamproptera curia*
	绿带燕凤蝶	*Lamproptera meges*
粉蝶科 Pieridae	眉粉蝶属（所有种）	*Zegris* spp.
蛱蝶科 Nymphalidae	黑紫蛱蝶	*Sasakia funebris*
	最美紫蛱蝶	*Sasakia pulcherrima*
	枯叶蛱蝶	*Kallima inachus*
绢蝶科 Parnassiidae	绢蝶属（所有种）	*Parnassius* spp.
眼蝶科 Satyridae	黑眼蝶	*Ethope henrici*
	岳眼蝶属（所有种）	*Orinoma* spp.
	豹眼蝶	*Nosea hainanensis*
环蝶科 Amathusiidae	箭环蝶属（所有种）	*Stichophthalma* spp.
	森下交脉环蝶	*Amathuxidia morishitai*
灰蝶科 Lycaenidae	陕灰蝶属（所有种）	*Shaanxiana* spp.
	虎灰蝶	*Yamamotozephyrus kwangtungensis*
弄蝶科 Hesperiidae	大伞弄蝶	*Bibasis miracula*

附录 4

《中国物种红色名录（CSRL）·第三卷·无脊椎动物》中的蝶类

序 号	种		保护级别
	中文名	拉丁名	
凤蝶科 Papilionidae			
001	金裳凤蝶	*Troides aeacus* (Felder & Felder)	近危 NT
002	裳凤蝶	*Troides helena* (Linnaeus)	近危 NT
003	荧光裳凤蝶	*Troides magellanus* (Felder & Felder)	濒危 EN
004	暖曙凤蝶	*Atrophaneura aidonea* (Doubleday)	易危 VU
005	玛曙凤蝶	*Atrophaneura nox* (Swainson)	易危 VU
006	曙凤蝶	*Atrophaneura horishana* (Matsumura)	易危 VU
007	窄曙凤蝶	*Atrophaneura zaleuca* (Hewitson)	易危 VU
008	瓦曙凤蝶	*Atrophaneura varuna* (White)	易危 VU
009	麝凤蝶	*Byasa alcinous* (Klug)	易危 VU
010	达摩麝凤蝶	*Byasa daemonius* (Alphéraky)	易危 VU
011	短尾麝凤蝶	*Byasa crassipes* (Oberthür)	易危 VU
012	突缘麝凤蝶	*Byasa plutonius* (Oberthür)	易危 VU
013	云南麝凤蝶	*Byasa hedistus* (Jordan)	易危 VU
014	纨裤麝凤蝶	*Byasa latreillei* (Donovan)	易危 VU
015	彩裙麝凤蝶	*Byasa polla* de Nicéville	易危 VU
016	锤尾凤蝶	*Losaria coon* (Fabricius)	濒危 EN
017	红肩美凤蝶	*Papilio butlerianus* Rothschild	易危 VU
018	台湾凤蝶	*Papilio thaiwanus* Rothschild	易危 VU
019	红斑美凤蝶	*Papilio rumanzovius* Eschscholtz	易危 VU
020	马哈凤蝶	*Papilio mahadevus* Moore	易危 VU
021	窄斑翠凤蝶	*Papilio arcturus* Westwood	近危 NT
022	重帏翠凤蝶	*Papilio hoppo* Matsumura	易危 VU
023	宽尾凤蝶	*Agehana elwesi* (Leech)	易危 VU
024	台湾宽尾凤蝶	*Agehana maraho* (Shiraki & Sonan)	易危 VU
025	燕凤蝶	*Lamproptera curia* (Fabricius)	近危 NT
026	绿带燕凤蝶	*Lamproptera meges* (Zinkin)	近危 NT
027	圆翅剑凤蝶	*Pazala incerta* (Bang-Haas)	近危 NT
028	四川剑凤蝶	*Pazala sichuanica* Koiwaya	近危 NT
029	乌克兰剑凤蝶	*Pazala tamerlana* (Oberthür)	近危 NT
030	旖凤蝶	*Iphiclides podalirius* (Linnaeus)	近危 NT

序　号	种		保护级别
	中 文 名	拉 丁 名	
031	西藏旖凤蝶	*Iphiclides podalirinus*（Oberthür）	易危 VU
032	喙凤蝶	*Teinopalpus imperialis* Hope	易危 VU
033	金斑喙凤蝶	*Teinopalpus aureus* Mell	濒危 EN
034	多尾凤蝶	*Bhutanitis lidderdalii* Atkinson	易危 VU
035	二尾凤蝶	*Bhutanitis mansfieldi*（Riley）	濒危 EN
036	丽斑尾凤蝶	*Bhutanitis pulchristriata Saigusa* & Lee	濒危 EN
037	三尾凤蝶	*Bhutanitis thaidina*（Blanchard）	易危 VU
038	不丹尾凤蝶	*Bhutanitis ludlowi* Gabriel	濒危 EN
039	玉龙尾凤蝶	*Bhutanitis yulongensis* Chou	濒危 EN
040	玄裳尾凤蝶	*Bhutanitis nigrilima* Chou	濒危 EN
041	中华虎凤蝶	*Luehdorfia chinensis* Leech	易危 VU
042	长尾虎凤蝶	*Luehdorfia longicaudata* Lee	易危 VU
043	虎凤蝶	*Luehdorfia puziloi*（Erschoff）	易危 VU
绢蝶科 Parnassiidae			
044	云绢蝶	*Hypermnestra helios*（Nickerl）	近危 NT
045	羲和绢蝶	*Parnassius apollonius*（Eversmann）	易危 VU
046	福布绢蝶	*Parnassius phoebus*（Fabricius）	近危 NT
047	阿波罗绢蝶	*Parnassius apollo*（Linnaeus）	濒危 EN
048	觅梦绢蝶	*Parnassius mnemosyne*（Linnaeus）	近危 NT
049	联珠绢蝶	*Parnassius hardwickii* Gray	近危 NT
050	翠雀绢蝶	*Parnassius delphius* Eversmann	近危 NT
051	西陲绢蝶	*Parnassius staudingeri* Bang-Haas	近危 NT
052	孔雀绢蝶	*Parnassius loxias* Püngeler	近危 NT
053	微点绢蝶	*Parnassius tenedius* Eversmann	近危 NT
粉蝶科 Pieridae			
054	山豆粉蝶	*Colias montium* Oberthür	近危 NT
055	玉色豆粉蝶	*Colias berylla* Fawcett	近危 NT
056	鬶豆粉蝶	*Colias richthofeni* Bang-Haas	近危 NT
057	格鲁豆粉蝶	*Colias grumi* Alphéraky	近危 NT
058	西梵豆粉蝶	*Colias sieversi* Grum-Grshimailo	近危 NT
059	西番豆粉蝶	*Colias sifanica* Grum-Grshimailo	近危 NT

续表

序号	种		保护级别
	中文名	拉丁名	
060	斯托豆粉蝶	*Colias stoliczkana* Moore	近危 NT
061	金豆粉蝶	*Colias ladakensis* Felder & Felder	近危 NT
062	安里黄粉蝶	*Eurema alitha* Felder & Felder	近危 NT
063	么妹黄粉蝶	*Eurema ada* Distant & Pryer	近危 NT
064	隐条斑粉蝶	*Delias subnubila* Leech	近危 NT
065	黄裙斑粉蝶	*Delias wilemani* Jordan	近危 NT
066	锯粉蝶	*Prioneris thestylis* (Doubleday)	近危 NT
067	中亚绢粉蝶	*Aporia leucodice* (Eversmann)	近危 NT
068	三黄绢粉蝶	*Aporia larraldei* (Oberthür)	近危 NT
069	猬形绢粉蝶	*Aporia hastata* (Oberthür)	易危 VU
070	森下绢粉蝶	*Aporia lemoulfii* Bernard	易危 VU
071	黄裙园粉蝶	*Cepora judith* (Fabricius)	近危 NT
072	斑缘菜粉蝶	*Pieris deota* (de Nicéville)	近危 NT
073	大卫粉蝶	*Pieris davidis* Oberthür	近危 NT
074	鹤顶粉蝶	*Hebomoia glaucippe* (Linnaeus)	近危 NT
075	赤眉粉蝶	*Zegris pyrothoe* (Eversmann)	易危 VU
斑蝶科 Danaidae			
076	黑虎斑蝶	*Danaus melanippus* (Cramer)	近危 NT
077	白色青斑蝶	*Tirumala alba* Chou & Gu	易危 VU
078	西藏绢斑蝶	*Parantica pedonga* Fujioka	近危 NT
079	旖斑蝶	*Ideopsis vulgaris* Butler	近危 NT
080	大帛斑蝶	*Idea leuconoe* (Erichson)	近危 NT
081	冷紫斑蝶	*Euploea algea* (Godart)	近危 NT
082	台南紫斑蝶	*Euploea phaenareta* (Schaller)	易危 VU
083	咖玛紫斑蝶	*Euploea cameralzeman* Butler	近危 NT
环蝶科 Amathusiidae			
084	惊恐方环蝶	*Discophora timora* Westwood	近危 NT
085	月纹矩环蝶	*Enispe lunatum* Leech	近危 NT
086	森下交脉环蝶	*Amathuxidia morishitai* Chou & Gu	易危 VU
087	斜带环蝶	*Thauria lathyi* Fruhstorfer	近危 NT
088	白袖箭环蝶	*Stichophthalma louisa* Wood-Mason	近危 NT
089	白兜箭环蝶	*Stichophthalma fruhstorferi* Rober	近危 NT
眼蝶科 Satyridae			
090	黄带暮眼蝶	*Melanitis zitenius* Herbst	近危 NT

序 号	种		保 护 级 别
	中 文 名	拉 丁 名	
091	素拉黛眼蝶	*Lethe sura* (Doubleday)	近危 NT
092	甘萨黛眼蝶	*Lethe kansa* (Moore)	近危 NT
093	马太黛眼蝶	*Lethe mataja* Fruhstorfer	易危 VU
094	米勒黛眼蝶	*Lethe moelleri* Elwes	近危 NT
095	华山黛眼蝶	*Lethe serbonis* (Hewitson)	易危 VU
096	八目黛眼蝶	*Lethe oculatissima* (Poujade)	近危 NT
097	宽带黛眼蝶	*Lethe helena* Leech	近危 NT
098	小圈黛眼蝶	*Lethe ocellata* Poujade	近危 NT
099	西峒黛眼蝶	*Lethe sidonis* (Hewitson)	易危 VU
100	圣母黛眼蝶	*Lethe cybele* Leech	近危 NT
101	蟠纹黛眼蝶	*Lethe labyrinthea* Leech	近危 NT
102	妍黛眼蝶	*Lethe yantra* Fruhstorfer	近危 NT
103	明带黛眼蝶	*Lethe helle* (Leech)	易危 VU
104	迷纹黛眼蝶	*Lethe maitrya* de Nicéville	近危 NT
105	玉山黛眼蝶	*Lethe niitakana* (Matsumura)	易危 VU
106	白条黛眼蝶	*Lethe albolineata* (Poujade)	近危 NT
107	黄带黛眼蝶	*Lethe luteofasciata* (Poujade)	近危 NT
108	安徒生黛眼蝶	*Lethe andersoni* (Atkinson)	近危 NT
109	银线黛眼蝶	*Lethe argentata* (Leech)	易危 VU
110	西藏黛眼蝶	*Lethe baladeva* Moore	易危 VU
111	云南黛眼蝶	*Lethe yunnana* D'Abrera	近危 NT
112	奇纹黛眼蝶	*Lethe cyrene* Leech	近危 NT
113	泰姐黛眼蝶	*Lethe titania* Leech	近危 NT
114	康定黛眼蝶	*Lethe sicelides* Grose-Smith	易危 VU
115	文娣黛眼蝶	*Lethe vindhya* Felder	近危 NT
116	舜目黛眼蝶	*Lethe bipupilla* Chou & Zhao	易危 VU
117	珠连黛眼蝶	*Lethe monilifera* Oberthür	易危 VU
118	白裙黛眼蝶	*Lethe visrava* (Moore)	近危 NT
119	帕德拉荫眼蝶	*Neope bhadra* (Moore)	近危 NT
120	乳色荫眼蝶	*Neope lacticolora* Fruhstorfer	易危 VU
121	黑斑荫眼蝶	*Neope pulahoides* Moore	近危 NT
122	田园荫眼蝶	*Neope agrestis* (Oberthür)	近危 NT
123	网纹荫眼蝶	*Neope christi* (Oberthür)	近危 NT
124	拟网纹荫眼蝶	*Neope simulans* Leech	近危 NT
125	德祥荫眼蝶	*Neope dejeani* Oberthür	近危 NT

序　号	种		保护级别
	中 文 名	拉 丁 名	
126	黄网眼蝶	*Rhaphicera satrica* (Doubleday)	易危 VU
127	白纹岳眼蝶	*Orinoma alba* Chou & Li	易危 VU
128	豹眼蝶	*Nosea hainanensis* Koiwaya	近危 NT
129	棕带眼蝶	*Chonala praeusta* (Leech)	近危 NT
130	马森带眼蝶	*Chonala masoni* (Elwes)	近危 NT
131	黄翅毛眼蝶	*Lasiommata eversmanni* Eversmann	近危 NT
132	大毛眼蝶	*Lasiommata majuscula* (Leech)	近危 NT
133	和丰毛眼蝶	*Lasiommata hefengana* Chou & Zhang	易危 VU
134	珞巴眉眼蝶	*Mycalesis lepcha* (Moore)	近危 NT
135	君主眉眼蝶	*Mycalesis anaxias* Hewitson	近危 NT
136	褐眉眼蝶	*Mycalesis unica* (Leech)	近危 NT
137	台湾斑眼蝶	*Penthema formosana* (Rothschild)	近危 NT
138	黑眼蝶	*Ethope henrici* (Holland)	易危 VU
139	闪紫锯眼蝶	*Elymnias malelas* (Hewitson)	近危 NT
140	蓝穹眼蝶	*Coelites nothis* Westwood	近危 NT
141	俄罗斯白眼蝶	*Melanargia russiae* Esper	近危 NT
142	华西白眼蝶	*Melanargia leda* Leech	近危 NT
143	黑纱白眼蝶	*Melanargia lugens* Honrath	近危 NT
144	山地白眼蝶	*Melanargia montana* Leech	易危 VU
145	玄裳眼蝶	*Satyrus ferula* Fabricius	近危 NT
146	白边眼蝶	*Satyrus parisatis* Kollar	近危 NT
147	永泽蛇眼蝶	*Minois nagasawae* (Matsumura)	易危 VU
148	锡金拟酒眼蝶	*Paroeneis sikkimensis* (Staudinger)	近危 NT
149	槁眼蝶	*Karanasa regeli* Alphéraky	易危 VU
150	双星寿眼蝶	*Pseudochazara baldiva* (Moore)	易危 VU
151	花岩眼蝶	*Chazara anthe* Hoffmansegg	近危 NT
152	八字岩眼蝶	*Chazara briseis* (Linnaeus)	近危 NT
153	细眉林眼蝶	*Aulocera merlina* Oberthür	近危 NT
154	喜马林眼蝶	*Aulocera brahminoides* (Moore)	近危 NT
155	台湾矍眼蝶	*Ypthima formosana* Fruhstorfer	易危 VU
156	山中矍眼蝶	*Ypthima yamanakai* Sonan	易危 VU
157	连斑矍眼蝶	*Ypthima sakra* Moore	近危 NT
158	融斑矍眼蝶	*Ypthima nikaea* Moore	近危 NT
159	鹭矍眼蝶	*Ypthima ciris* Leech	易危 VU

续表

序　号	种		保护级别
	中 文 名	拉 丁 名	
160	江崎矍眼蝶	*Ypthima esakii* Shirozu	易危 VU
161	拟四眼矍眼蝶	*Ypthima imitans* Elwes & Edwards	易危 VU
162	虹矍眼蝶	*Ypthima iris* Leech	易危 VU
163	密纹矍眼蝶	*Ypthima multistriata* Butler	易危 VU
164	重光矍眼蝶	*Ypthima dromon* Oberthür	易危 VU
165	曲斑矍眼蝶	*Ypthima zyzzomacula* Chou & Li	易危 VU
166	白边艳眼蝶	*Callerebia baileyi* South	易危 VU
167	横波舜眼蝶	*Loxerebia delavayi* (Oberthür)	易危 VU
168	垂泪舜眼蝶	*Loxerebia ruricola* (Leech)	易危 VU
169	草原舜眼蝶	*Loxerebia pratorum* (Oberthür)	易危 VU
170	十目舜眼蝶	*Loxerebia carola* Oberthür	易危 VU
171	林区舜眼蝶	*Loxerebia sylvicola* (Oberthür)	近危 NT
172	苹色明眸眼蝶	*Argestina pomena* Evans	易危 VU
173	山眼蝶	*Paralasa batanga* van der Goltz	易危 VU
174	华眼蝶	*Sinonympha amoena* Lee	易危 VU
175	贝眼蝶	*Boeberia parmenio* (Bober)	易危 VU
176	娜娜酒眼蝶	*Oeneis nanna* Ménétriès	近危 NT
177	新疆珍眼蝶	*Coenonympha xinjiangensis* Chou & Huang	易危 VU
178	潘非珍眼蝶	*Coenonympha pamphilus* (Linnaeus)	近危 NT
179	绿斑珍眼蝶	*Coenonympha sunbecca* (Eversmann)	近危 NT
180	英雄珍眼蝶	*Coenonympha hero* (Linnaeus)	近危 NT
181	隐藏珍眼蝶	*Coenonympha arcania* (Linnaeus)	近危 NT
182	狄泰珍眼蝶	*Coenonympha tydeus* Leech	易危 VU
183	中华珍眼蝶	*Coenonympha sinica* Alphéraky	易危 VU
184	油庆珍眼蝶	*Coenonympha glycerion* (Borkhausen)	近危 NT
185	酡红眼蝶	*Erebia theano* (Tauscher)	近危 NT
186	西宝红眼蝶	*Erebia sibo* Alphéraky	近危 NT
蛱蝶科 Nymphalidae			
187	黑凤尾蛱蝶	*Polyura schreiber* (Godart)	近危 NT
188	沾襟尾蛱蝶	*Polyura posidonius* (Leech)	近危 NT
189	亚力螯蛱蝶	*Charaxes aristogiton* (Felder & Felder)	近危 NT
190	花斑螯蛱蝶	*Charaxes kahruba* (Moore)	近危 NT
191	璞蛱蝶	*Prothoe franck* Godart	近危 NT
192	细带闪蛱蝶	*Apatura metis* Freyer	近危 NT
193	金铠蛱蝶	*Chitoria chrysolora* (Fruhstorfer)	易危 VU

序 号	种		保护级别
	中文名	拉丁名	
194	黄带铠蛱蝶	*Chitoria fasciola*（Leech）	近危 NT
195	铂铠蛱蝶	*Chitoria pallas*（Leech）	近危 NT
196	斜带铠蛱蝶	*Chitoria sordida*（Moore）	近危 NT
197	异型猫蛱蝶	*Timelaea aformis* Chou	易危 VU
198	放射纹猫蛱蝶	*Timelaea radiate* Chou & Wang	易危 VU
199	窗蛱蝶	*Dilipa morgiana*（Westwood）	近危 NT
200	台湾帅蛱蝶	*Sephisa daimio* Matsumura	易危 VU
201	台湾白蛱蝶	*Helcyra plesseni*（Fruhstorfer）	易危 VU
202	讴脉蛱蝶	*Hestina ouvrardi* Riley	易危 VU
203	黑紫蛱蝶	*Sasakia funebris*（Leech）	易危 VU
204	大紫蛱蝶	*Sasakia charonda*（Hewitson）	近危 NT
205	最美紫蛱蝶	*Sasakia pulcherrima* Chou & Li	易危 VU
206	台文蛱蝶	*Vindula dejone*（Erichson）	近危 NT
207	钩翅帖蛱蝶	*Terinos atlita*（Fabricius）	近危 NT
208	融斑老豹蛱蝶	*Argyronome kuniga* Chou & Tong	易危 VU
209	潘豹蛱蝶	*Pandoriana Pandora*（Denis & Schiffermüller）	近危 NT
210	珀豹蛱蝶	*Paduca fasciata*（Felder & Felder）	近危 NT
211	福蛱蝶	*Fabriciana niobe*（Linnaeus）	近危 NT
212	女神珍蛱蝶	*Clossiana dia*（Linnaeus）	近危 NT
213	佛珍蛱蝶	*Clossiana freija*（Thunberg）	近危 NT
214	通珍蛱蝶	*Clossiana thore* Hübner	近危 NT
215	铂蛱蝶	*Proclossiana eunomia*（Esper）	近危 NT
216	褐裙玳蛱蝶	*Tanaecia jahnu* Moore	近危 NT
217	暗翠蛱蝶	*Euthalia eriphylae* de Nicéville	近危 NT
218	捻带翠蛱蝶	*Euthalia strephon* Grose-Smith	近危 NT
219	散斑翠蛱蝶	*Euthalia khama* Alphéraky	易危 VU
220	珠翠蛱蝶	*Euthalia perlella* Chou & Wang	易危 VU
221	V 纹翠蛱蝶	*Euthalia alpheda*（Godart）	近危 NT
222	黄带翠蛱蝶	*Euthalia patala*（Kollar）	近危 NT
223	珀翠蛱蝶	*Euthalia pratti* Leech	近危 NT
224	琺瑯翠蛱蝶	*Euthalia franciae*（Gray）	近危 NT
225	锯带翠蛱蝶	*Euthalia alpherakyi* Oberthür	易危 VU
226	台湾翠蛱蝶	*Euthalia formosana* Fruhstorfer	易危 VU
227	链斑翠蛱蝶	*Euthalia sahadeva* Moore	近危 NT
228	褐蓓翠蛱蝶	*Euthalia hebe* Leech	近危 NT

序 号	种		保 护 级 别
	中 文 名	拉 丁 名	
229	尖翅律蛱蝶	*Lexias acutipenna* Chou & Li	易危 VU
230	蓝线蛱蝶	*Limenitis dubernardi* Oberthür	近危 NT
231	隐线蛱蝶	*Limenitis camilla*（Linnaeus）	近危 NT
232	细线蛱蝶	*Limenitis cleophas* Oberthür	近危 NT
233	倒钩带蛱蝶	*Athyma recurva* Leech	易危 VU
234	畸带蛱蝶	*Athyma pravara*（Moore）	近危 NT
235	拟缕蛱蝶	*Litinga mimica*（Poujade）	近危 NT
236	缕蛱蝶	*Litinga cottini*（Oberthür）	近危 NT
237	白斑俳蛱蝶	*Parasarpa albomaculata*（Leech）	近危 NT
238	彩衣俳蛱蝶	*Parasarpa hourberti*（Oberthür）	易危 VU
239	姹蛱蝶	*Chalinga elwesi*（Oberthür）	近危 NT
240	味蜡蛱蝶	*Lasippa viraja*（Moore）	近危 NT
241	日光蜡蛱蝶	*Lasippa heliodore*（Fabricius）	近危 NT
242	山蟠蛱蝶	*Pantoporia sandaka*（Butler）	近危 NT
243	仿柯环蛱蝶	*Neptis clinioides* Nicéville	近危 NT
244	周氏环蛱蝶	*Neptis choui* Yuan & Wang	易危 VU
245	回环蛱蝶	*Neptis reducta* Fruhstorfer	易危 VU
246	白环蛱蝶	*Neptis leucoporos* Fruhstorfer	近危 NT
247	卡环蛱蝶	*Neptis cartica* Moore	近危 NT
248	娜巴环蛱蝶	*Neptis namba* Tytler	近危 NT
249	台湾环蛱蝶	*Neptis taiwana* Fruhstorfer	近危 NT
250	泰环蛱蝶	*Neptis thestias* Leech	易危 VU
251	林环蛱蝶	*Neptis sylvana* Oberthür	易危 VU
252	江崎环蛱蝶	*Neptis esakii* Nomura	易危 VU
253	玫环蛱蝶	*Neptis meloria* Oberthür	易危 VU
254	桂北环蛱蝶	*Neptis guia* Chou & Wang	近危 NT
255	紫环蛱蝶	*Neptis radha* Moore	近危 NT
256	那拉环蛱蝶	*Neptis narayana* Moore	近危 NT
257	森环蛱蝶	*Neptis nemorum* Oberthür	易危 VU
258	云南环蛱蝶	*Neptis yunnana* Oberthür	易危 VU
259	五段环蛱蝶	*Neptis divisa* Oberthür	近危 NT
260	德环蛱蝶	*Neptis dejeani* Oberthür	近危 NT
261	仿斑伞蛱蝶	*Aldania imitans*（Oberthür）	近危 NT
262	黑缘丝蛱蝶	*Cyrestis themire* Honrath	近危 NT
263	八目丝蛱蝶	*Cyrestis cocles*（Fabricius）	易危 VU

续表

序　号	种		保护级别
	中 文 名	拉 丁 名	
264	雪白丝蛱蝶	*Cyrestis nivea* Zinken-Sommer	易危 VU
265	畸纹紫斑蛱蝶	*Hypolimnas anomala*（Wallace）	近危 NT
266	巨型钩蛱蝶	*Polygonia gigantea*（Leech）	近危 NT
267	斑豹盛蛱蝶	*Symbrenthia leoparda* Chou & Li	易危 VU
268	断纹蜘蛱蝶	*Araschnia dohertyi* Moore	近危 NT
269	张氏蜘蛱蝶	*Araschnia zhangi* Chou	易危 VU
270	金堇蛱蝶	*Euphydryas aurinia* Rottemburg	近危 NT
271	伊堇蛱蝶	*Euphydryas iduna*（Dalman）	近危 NT
272	黄蜜蛱蝶	*Mellicta athalia*（Rottemburg）	近危 NT
273	网纹蜜蛱蝶	*Mellicta dictynna* Esper	近危 NT
274	黑蜜蛱蝶	*Mellicta plotina*（Bremer）	近危 NT
275	庆网蛱蝶	*Melitaea cinxia*（Linnaeus）	近危 NT
276	颤网蛱蝶	*Melitaea pallas* Staudinger	近危 NT
277	菌网蛱蝶	*Melitaea agar* Oberthür	近危 NT
	珍蝶科 Acraeidae		
278	斑珍蝶	*Acraea violae*（Fabricius）	近危 NT
	喙蝶科 Libytheidae		
279	紫喙蝶	*Libythea geoffroyi* Godart	近危 NT
	蚬蝶科 Riodinidae		
280	第一小蚬蝶	*Polycaena princeps*（Oberthür）	易危 VU
281	喇嘛小蚬蝶	*Polycaena lama* Leech	近危 NT
282	岐纹小蚬蝶	*Polycaena chauchawensis*（Mell）	近危 NT
283	红脉小蚬蝶	*Polycaena carmelita* Oberthür	近危 NT
284	露娅小蚬蝶	*Polycaena lua* Grum-Grshimailo	近危 NT
285	密斑小蚬蝶	*Polycaena matuta* Leech	近危 NT
286	方裙褐蚬蝶	*Abisara freda* Bennet	近危 NT
287	曲带褐蚬蝶	*Abisara abnormis* Moore	近危 NT
288	暗蚬蝶	*Paralaxita dora*（Fruhstorfer）	近危 NT
289	大斑尾蚬蝶	*Dodona egeon*（Westwood）	近危 NT
290	红秃尾蚬蝶	*Dodona adonira* Hewitson	近危 NT
	灰蝶科 Lycaenidae		
291	凝云灰蝶	*Miletus nymphis*（Fruhstorfer）	近危 NT
292	圆翅银灰蝶	*Curetis saronis* Moore	近危 NT
293	褐翅银灰蝶	*Curetis brunnea* Wileman	易危 VU

续表

序　号	种		保护级别
	中 文 名	拉 丁 名	
294	闪光翠灰蝶	*Neozephyrus coruscans*（Leech）	易危 VU
295	海伦娜翠灰蝶	*Neozephyrus helenae* Howarth	易危 VU
296	日本翠灰蝶	*Neozephyrus japonicus*（Murray）	近危 NT
297	雄球桠灰蝶	*Yasoda androconifera* Fruhstorfer	近危 NT
298	斜条斑灰蝶	*Horaga rarasana* Sonan	易危 VU
299	富丽灰蝶	*Apharitis acamas*（Klug）	近危 NT
300	黄银线灰蝶	*Spindasis kuyaniana*（Matsumura）	易危 VU
301	凤灰蝶	*Charana mandarina*（Hewitson）	近危 NT
302	淡蓝双尾灰蝶	*Tajuria illurgis*（Hewitson）	近危 NT
303	灿烂双尾灰蝶	*Tajuria luculenta*（Leech）	近危 NT
304	顾氏双尾灰蝶	*Tajuria gui* Chou & Wang	易危 VU
305	天蓝双尾灰蝶	*Tajuria caerulea* Nire	易危 VU
306	银下玳灰蝶	*Deudorix hypargyria*（Elwes）	近危 NT
307	海南玳灰蝶	*Deudorix hainana* Chou & Gu	易危 VU
308	点染燕灰蝶	*Rapala suffusa*（Moore）	近危 NT
309	奈燕灰蝶	*Rapala nemorensis* Oberthür	易危 VU
310	绯烂燕灰蝶	*Rapala pheretima*（Hewitson）	近危 NT
311	金梳灰蝶	*Ahlbergia chalcidis* Chou & Li	易危 VU
312	武大斯灰蝶	*Strymonidia watarii*（Matsumura）	易危 VU
313	红斑斯灰蝶	*Strymonidia rubicundulum*（Leech）	易危 VU
314	拉斯灰蝶	*Strymonidia lais*（Leech）	易危 VU
315	孔明斯灰蝶	*Strymonidia kongmingi* Murayama	易危 VU
316	拟杏斯灰蝶	*Strymonidia pseudopruni* Murayama	易危 VU
317	新秀斯灰蝶	*Strymonidia neoeximium* Murayama	易危 VU
318	台湾斯灰蝶	*Strymonidia formosanum*（Matsumura）	易危 VU
319	田中斯灰蝶	*Strymonidia tanakai*（Shirozu）	易危 VU
320	久保斯灰蝶	*Strymonidia kuboi*（Chou & Tong）	易危 VU
321	鼠李新灰蝶	*Neolycaena rhymnus*（Eversmann）	近危 NT
322	昙灰蝶	*Thersamonia thersamon*（Esper）	近危 NT
323	梭尔昙灰蝶	*Thersamonia solskyi* Erschoff	近危 NT
324	尖翅貉灰蝶	*Heodes alciphron*（Rottemburg）	近危 NT
325	美丽彩灰蝶	*Heliophorus pulcher* Chou	易危 VU
326	小黑灰蝶	*Niphanda cymbiade* Nicéville	近危 NT
327	㸆灰蝶	*Discolampa ethion*（Westwood）	近危 NT
328	枯灰蝶	*Cupido minimus*（Füessly）	近危 NT

序 号	种		保护级别
	中文名	拉丁名	
329	竹都玄灰蝶	*Tongeia zuthus*（Leech）	易危 VU
330	巨大琉璃灰蝶	*Celastrina gigas*（Hemming）	近危 NT
331	台湾白灰蝶	*Phengaris daitozana* Wileman	易危 VU
332	秦岭婀灰蝶	*Albulina qinlingensis* Wang	易危 VU
333	青海红珠灰蝶	*Lycaeides qinghaiensis* Murayama	易危 VU
334	森下金灰蝶	*Chrysozephyrus morishitai* Chou & Zhu	易危 VU
335	久松金灰蝶	*Chrysozephyrus splendidulus* Murayama & Shimonoya	易危 VU
336	西风金灰蝶	*Chrysozephyrus nishikaze*（Araki & Sibatani）	易危 VU
337	锡金金灰蝶	*Chrysozephyrus sikkimensis* Howarth	近危 NT
338	宽缘金灰蝶	*Chrysozephyrus marginatus*（Howarth）	近危 NT
339	雷公山金灰蝶	*Chrysozephyrus leigongshanensis* Chou & Li	近危 NT
340	朝灰蝶	*Coreana raphaelis*（Oberthür）	近危 NT
341	紫轭灰蝶	*Euaspa forsteri*（Esaki & Shirozu）	近危 NT
342	轭灰蝶	*Euaspa milionia*（Hewitson）	近危 NT
343	黑铁灰蝶	*Teratozephyrus hecale*（Leech）	易危 VU
344	阿里铁灰蝶	*Teratozephyrus arisanus*（Wileman）	易危 VU
345	噢线灰蝶	*Thecla ohyai* Fujioka	易危 VU
346	藏宝赭灰蝶	*Ussuriana takarana*（Araki & Hirayama）	近危 NT
347	陕灰蝶	*Shaanxiana takashimai* Koiwaya	近危 NT
348	娥娆灰蝶	*Arhopala eumolphus*（Stoll）	近危 NT
349	海蓝娆灰蝶	*Arhopala hellenore*（Doherty）	近危 NT
350	翠袖娆灰蝶	*Arhopata hellenoroides* Chou & Gu	易危 VU
351	琼岛娆灰蝶	*Arhopala qiondaoensis* Chou & Gu	易危 VU
352	婀伊娆灰蝶	*Arhopala aida* de Nicéville	近危 NT
353	无尾娆灰蝶	*Arhopala arvina*（Hewitson）	近危 NT
354	酒娆灰蝶	*Arhopala oenea*（Hewitson）	近危 NT
355	银链娆灰蝶	*Arhopala pseudocentaurus*（Doubleday）	近危 NT
356	黑俳灰蝶	*Panchala paraganesa*（de Nicéville）	近危 NT
357	饰酒灰蝶	*Satyrium ornata*（Leech）	近危 NT
358	博灰蝶	*Plebicula icarus* Rottemburg	近危 NT
359	亚红珠灰蝶	*Subsolanoides nagata* Koiwaya	近危 NT
弄蝶科 Hesperiidae			
360	钩纹伞弄蝶	*Bibasis sena*（Moore）	近危 NT
361	大伞弄蝶	*Bibasis miracula* Evans	近危 NT

序　号	种		保护级别
	中 文 名	拉 丁 名	
362	黑斑伞弄蝶	*Bibasis oedipodea*（Swainson）	近危 NT
363	橙翅伞弄蝶	*Bibasis jaina*（Moore）	近危 NT
364	褐伞弄蝶	*Bibaisis harisa*（Moore）	近危 NT
365	无斑趾弄蝶	*Hasora danda* Evans	近危 NT
366	金带趾弄蝶	*Hasora schoenherr*（Latreille）	近危 NT
367	峨眉大弄蝶	*Capila omeia*（Leech）	易危 VU
368	微点大弄蝶	*Capila pauripunetata* Chou & Gu	易危 VU
369	线纹大弄蝶	*Capila lineata* Chou & Gu	易危 VU
370	黑裳大弄蝶	*Capila nigrilima* Chou & Gu	易危 VU
371	黄带弄蝶	*Lobocla liliana*（Atkinson）	近危 NT
372	曲纹带弄蝶	*Lobocla germana*（Oberthür）	近危 NT
373	束带弄蝶	*Lobocla contracta* Leech	易危 VU
374	嵌带弄蝶	*Lobocla proxima*（Leech）	近危 NT
375	小星弄蝶	*Celaenorrhinus ratna* Fruhstorfer	近危 NT
376	台湾星弄蝶	*Celaenorrhinus horishanus* Shirozu	近危 NT
377	黄星弄蝶	*Celaenorrhinus pero* de Nicéville	近危 NT
378	周氏星弄蝶	*Celaenorrhinus choui* Gu	易危 VU
379	粉白弄蝶	*Abraximorpha pieridoides* Liu & Gu	易危 VU
380	刷胫弄蝶	*Sarangesa dasahara*（Moore）	近危 NT
381	台湾飒弄蝶	*Satarupa formosibia* Strard	易危 VU
382	台湾瑟弄蝶	*Seseria formosana*（Fruhstorfer）	易危 VU
383	白腹瑟弄蝶	*Seseria sambara*（Moore）	近危 NT
384	黄条陀弄蝶	*Thoressa horishana*（Matsumura）	易危 VU
385	山地谷弄蝶	*Pelopidas jansonis*（Butler）	近危 NT
386	黄脉孔弄蝶	*Polytremis flavinerva* Chou & Zhou	易危 VU
387	周氏孔弄蝶	*Polytremis choui* Huang	易危 VU
388	尖翅椰弄蝶	*Gangara lebadea*（Hewitson）	近危 NT
389	长须弄蝶	*Scobura cephaloides*（de Nicéville）	近危 NT
390	须弄蝶	*Scobura coniata* Hering	易危 VU
391	黄裳肿脉弄蝶	*Zographetus satwa*（de Nicéville）	近危 NT
392	龙宫肿脉弄蝶	*Zographetus ogygioides* Elwes & Edwards	近危 NT
393	光荣肿脉弄蝶	*Zographetus doxus* Eliot	近危 NT
394	直纹黄室弄蝶	*Potanthus rectifascitus*（Elwes & Edwards）	近危 NT
395	双子偶侣弄蝶	*Oriens goloides*（Moore）	近危 NT

续表

序 号	种		保 护 级 别
	中 文 名	拉 丁 名	
396	烟弄蝶	*Psolos fuligo*（Mabille）	近危 NT
397	黄饰弄蝶	*Spialia galba*（Fabricius）	近危 NT
398	森下袖弄蝶	*Notocrypta morishitai* Liu & Gu	易危 VU
399	红标弄蝶	*Koruthyaialos rubecula*（Plotz）	近危 NT
400	新红标弄蝶	*Koruthyaialos sindu*（Felder & Felder）	近危 NT
401	窄翅弄蝶	*Apostictopterus fuliginosus* Leech	近危 NT
402	宽带白点弄蝶	*Muschampia antonia*（Speyer）	近危 NT
403	稀点弄蝶	*Muschampia staudingeri*（Speyer）	近危 NT

附录 5

云南省金平县马鞍底乡蝴蝶名录

序　号	中文名	拉 丁 名	备　注
蛱蝶科 Nymphalidae			
001	凤尾蛱蝶	*Polyura arja* (Felder & Felder)	
002	窄斑凤尾蛱蝶	*Polyura athamas* (Drury)	
003	黑凤尾蛱蝶	*Polyura schreiber* (Godart)	近危 NT
004	二尾蛱蝶	*Polyura narcaea* (Hewitson)	
005	大二尾蛱蝶	*Polyura eduamippus* (Doubleday)	
006	针尾蛱蝶	*Polyura dolon* (Westwood)	
007	螯蛱蝶	*Charaxes marmax* Westwood	
008	白带螯蛱蝶	*Charaxes bernardus* (Fabricius)	
009	红锯蛱蝶	*Cethosia biblis* (Drury)	
010	白带锯蛱蝶	*Cethosia cyane* (Drury)	
011	环带迷蛱蝶	*Mimathyma ambica* (Kollar)	
012	罗蛱蝶	*Rohana parisatis* (Westwood)	
013	窗蛱蝶	*Dilipa morgiana* (Westwood)	近危 NT
014	帅蛱蝶	*Sephisa chandra* (Moore)	
015	芒蛱蝶	*Euripus nyctelius* (Doubleday)	
016	黑脉蛱蝶	*Hestina assimilis* (Linnaeus)	
017	蒺藜纹脉蛱蝶	*Hestina nama* (Doubleday)	
018	秀蛱蝶	*Pseudergolis wedah* (Kollar)	
019	素饰蛱蝶	*Stibochiona nicea* (Gray)	
020	电蛱蝶	*Dichorragia nesimachus* (Boisduval)	
021	文蛱蝶	*Vindula erota* (Fabricius)	
022	彩蛱蝶	*Vagrans egista* (Cramer)	
023	黄襟蛱蝶	*Cupha erymanthis* (Drury)	
024	珐蛱蝶	*Phalanta phalantha* (Drury)	
025	斐豹蛱蝶	*Argyreus hyperbius* Linnaeus	
026	银豹蛱蝶	*Childrena childreni* (Gray)	
027	褐裙玳蛱蝶	*Tanaecia jahnu* Moore	近危 NT
028	白裙翠蛱蝶	*Euthalia lepidea* (Butler)	
029	黄裙翠蛱蝶	*Euthalia cocytus* (Fabricius)	
030	红斑翠蛱蝶	*Euthalia lubentina* (Cramer)	
031	暗斑翠蛱蝶	*Euthalia monina* (Fabricius)	

序　号	中文名	拉丁名	备　注
032	鹰翠蛱蝶	*Euthalia anosia* (Moore)	
033	尖翅翠蛱蝶	*Euthalia phemius* (Doubleday)	
034	珐琅翠蛱蝶	*Euthalia franciae* (Gray)	
035	小豹律蛱蝶	*Lexias pardalis* (Moore)	
036	戟眉线蛱蝶	*Limenitis homeyeri* (Tancré)	
037	珠履带蛱蝶	*Athyma asura* Moore	
038	玄珠带蛱蝶	*Athyma perius* (Linnaeus)	
039	新月带蛱蝶	*Athyma selenophora* (Kollar)	
040	双色带蛱蝶	*Athyma cama* Moore	
041	离斑带蛱蝶	*Athyma ranga* Moore	
042	相思带蛱蝶	*Athyma nefte* Cramer	
043	穆蛱蝶	*Moduza procris* (Cramer)	
044	肃蛱蝶	*Sumalia daraxa* (Doubleday)	
045	丫纹俳蛱蝶	*Parasarpa dudu* (Westwood)	
046	珂环蛱蝶	*Neptis clinia* Moore	
047	小环蛱蝶	*Neptis sappho* (Pallas)	
048	娜环蛱蝶	*Neptis nata* Moore	
049	基环蛱蝶	*Neptis nashona* Swinhoe	
050	丽蛱蝶	*Parthenos Sylvia* Cramer	
051	波蛱蝶	*Ariadne ariadne* (Linnaeus)	
052	细纹波蛱蝶	*Ariadne merione* (Cramer)	
053	网丝蛱蝶	*Cyrestis thyodamas* Boisduval	
054	黄绢坎蛱蝶	*Chersonesia risa* Doubleday	
055	蠹叶蛱蝶	*Doleschallia bisaltide* Cramer	
056	枯叶蛱蝶	*Kallima inachus* Doubleday	三有昆虫
057	金斑蛱蝶	*Hypolimnas missipus* (Linnaeus)	
058	幻紫斑蛱蝶	*Hypolimnas bolina* (Linnaeus)	
059	荨麻蛱蝶	*Aglais urticae* (Linnaeus)	
060	大红蛱蝶	*Vanessa indica* (Herbst)	
061	小红蛱蝶	*Vanessa cardui* (Linnaeus)	
062	琉璃蛱蝶	*Kaniska canace* (Linnaeus)	
063	朱蛱蝶	*Nymphalis xanthomelas* Denis & Schiffermüller	
064	黄钩蛱蝶	*Polygonia c-aureum* (Linnaeus)	
065	美眼蛱蝶	*Junonia almana* (Linnaeus)	
066	翠蓝眼蛱蝶	*Junonia orithya* (Linnaeus)	

续表

序　号	中 文 名	拉 丁 名	备　注
067	黄裳眼蛱蝶	*Junonia hierta*（Fabricius）	
068	蛇眼蛱蝶	*Junonia lemonias*（Linnaeus）	
069	波纹眼蛱蝶	*Junonia atlites*（Linnaeus）	
070	钩翅眼蛱蝶	*Junonia iphita* Cramer	
071	斑豹盛蛱蝶	*Symbrenthia leoparda* Chou & Li	易危 VU
072	花豹盛蛱蝶	*Symbrenthia hypselis*（Godart）	
073	云豹盛蛱蝶	*Symbrenthia niphanda* Moore	
074	绢蛱蝶	*Calinaga buddha* Moore	
075	绿裙边翠蛱蝶	*Euthalia niepelti* Strand	
076	绿豹蛱蝶	*Argynnis paphia*（Linnaeus）	
077	绿裙玳蛱蝶	*Tanaecia julii*（Lesson）	
078	六点带蛱蝶	*Athyma punctata* Leech	
079	奥蛱蝶	*Auzakia danava*（Moore）	
	珍蝶科 Acraeidae		
080	苎麻珍蝶	*Acraea issoria*（Hübner）	
	喙蝶科 Libytheidae		
081	棒纹喙蝶	*Libythea myrrha* Laicharting	
	蚬蝶科 Riodinidae		
082	第一小蚬蝶	*Polycaena princeps*（Oberthür）	易危 VU
083	方裙褐蚬蝶	*Abisara freda* Bennett	近危 NT
084	黄带褐蚬蝶	*Abisara fylla*（Westwood）	
085	白带褐蚬蝶	*Abisara fylloides*（Moore）	
086	长尾褐蚬蝶	*Abisara neophron*（Hewitson）	
087	白蚬蝶	*Stiboges nymphidia* Butler	
088	波蚬蝶	*Zemeros flegyas*（Cramer）	
089	银纹尾蚬蝶	*Dodona eugenes* Bates	
090	大斑尾蚬蝶	*Dodona egeon*（Westwood）	近危 NT
091	黑燕尾蚬蝶	*Dodona deodata* Hewitson	
092	红秃尾蚬蝶	*Dodona adonira* Hewitson	近危 NT
093	斜带缺尾蚬蝶	*Dodona ouida* Moore	
094	蛇目褐蚬蝶	*Abisara echerius*（Stoll）	
095	曲带褐蚬蝶	*Abisara abnormis* Moore	近危 NT
096	白燕尾蚬蝶	*Dodona henrici* Holland	
	灰蝶科 Lycaenidae		
097	锉灰蝶	*Allotinus drumila*（Moore）	

续表

序　号	中文名	拉丁名	备　注
098	尖翅银灰蝶	*Curetis acuta* Moore	
099	银灰蝶	*Curetis bulis* (Westwood)	
100	银链娆灰蝶	*Arhopala pseudocentaurus* (Doubleday)	近危 NT
101	锁铠花灰蝶	*Flos asoka* (de Nicéville)	
102	鹿灰蝶	*Loxura atymnus* (Stoll)	
103	优秀洒灰蝶	*Satyrium eximium* (Fixsen)	
104	摩来彩灰蝶	*Heliophorus moorei* (Hewltson)	
105	豹灰蝶	*Castalius rosimon* (Fabricius)	
106	雅灰蝶	*Jamides bochus* Cramer	
107	琉璃灰蝶	*Celastrina argiola* (Linnaeus)	
108	婀灰蝶	*Albulina orbitula* (Prunner)	
109	散纹拓灰蝶	*Caleta elna* (Hewitson)	
110	净雅灰蝶	*Jamides pura* (Moore)	
111	长腹灰蝶	*Zizula hylax* (Fabricius)	
		弄蝶科 Hesperiidae	
112	绿伞弄蝶	*Bibasis striata* (Hewitson)	
113	无趾弄蝶	*Hasora anura* de Nicéville	
114	绿弄蝶	*Choaspes benjaminii* (Guérin-Méneville)	
115	黄带弄蝶	*Lobocla liliana* (Atkinson)	近危 NT
116	尖翅小星弄蝶	*Celaenorrhinus pulomaya* (Moore)	
117	斜带星弄蝶	*Celaenorrhinus aurivittatus* (Moore)	
118	匪夷捷弄蝶	*Gerosis phisara* (Moore)	
119	沾边裙弄蝶	*Tagiades litigiosa* Möschler	
120	毛脉弄蝶	*Mooreana trichoneura* (Felder & Felder)	
121	花弄蝶	*Pyrgus maculatus* (Bremer & Grey)	
122	克理银弄蝶	*Carterocephalus christophi* Grum-Grshimailo	
123	曲纹稻弄蝶	*Parnara ganga* Evans	
124	半黄绿弄蝶	*Choaspes hemixantha* Rothschild	
125	黄斑蕉弄蝶	*Erionota torus* Evans	
126	角翅弄蝶	*Odontoptilum angulatum* (Felder)	
127	中华捷弄蝶	*Gerosis sinica* (Felder & Felder)	
128	窄纹袖弄蝶	*Notocrypta paralysos* (Wood-Mason & de Nicéville)	
		凤蝶科 Papilionidae	
129	裳凤蝶	*Troides helena* (Linnaeus)	CITES 附录 II

序　号	中 文 名	拉 丁 名	备　注
130	金裳凤蝶	*Troides aeacus*（Felder & Felder）	CITES 附录 II
131	窄曙凤蝶	*Atrophaneura zaleuca*（Hewitson）	三有昆虫、易危 VU
132	麝凤蝶	*Byasa alcinous*（Klug）	易危 VU
133	短尾麝凤蝶	*Byasa crassipes*（Oberthür）	易危 VU
134	云南麝凤蝶	*Byasa hedistus*（Jordan）	易危 VU
135	白斑麝凤蝶	*Byasa dasarada*（Moore）	
136	多姿麝凤蝶	*Byasa polyeuctes*（Doubleday）	
137	红珠凤蝶	*Pachliopta aristolochiae*（Fabricius）	
138	斑凤蝶	*Chilasa clytia*（Linnaeus）	
139	翠蓝斑凤蝶	*Chilasa paradoxa*（Zinken）	
140	美凤蝶	*Papilio memnon* Linnaeus	
141	蓝凤蝶	*Papilio protenor* Cramer	
142	玉带凤蝶	*Papilio polytes* Linnaeus	
143	玉斑凤蝶	*Papilio helenus* Linnaeus	
144	宽带凤蝶	*Papilio nephelus* Boisduval	
145	巴黎翠凤蝶	*Papilio paris* Linnnaeus	
146	碧凤蝶	*Papilio bianor* Cramer	
147	达摩凤蝶	*Papilio demoleus* Linnaeus	
148	柑橘凤蝶	*Papilio xuthus* Linnaeus	
149	金凤蝶	*Papilio machaon* Linnaeus	
150	绿带燕凤蝶	*Lamproptera meges*（Zinkin）	三有昆虫、近危 NT
151	燕凤蝶	*Lamproptera curia*（Fabricius）	三有昆虫、近危 NT
152	青凤蝶	*Graphium sarpedon*（Linnaeus）	
153	统帅青凤蝶	*Graphium agamemnon*（Linnaeus）	
154	客纹凤蝶	*Paranticopsis xenocles*（Doubleday）	
155	绿凤蝶	*Pathysa antiphates*（Cramer）	
156	红绶绿凤蝶	*Pathysa nomius*（Esper）	
157	褐钩凤蝶	*Meandrusa sciron*（Leech）	
158	钩凤蝶	*Meandrusa payeni*（Boisduval）	
159	喙凤蝶	*Teinopalpus imperialis* Hope	CITES 附录 II
160	金斑喙凤蝶	*Teinopalpus aureus* Mell	CITES 附录 II 国家 I 级
161	瓦曙凤蝶	*Atrophaneura varuna*（White）	
162	臀珠斑凤蝶	*Chilasa slateri*（Hewitson）	
163	玉牙凤蝶	*Papilio castor* Westwood	
164	波绿凤蝶	*Papilio polyctor* Boisduval	

序　号	中 文 名	拉 丁 名	备　注
165	窄斑翠凤蝶	*Papilio arcturus* Westwood	近危 NT
166	绿带翠凤蝶	*Papilio maackii* Ménétriès	
167	银钩青凤蝶	*Graphium eurypylus* (Linnaeus)	
168	宽带青凤蝶	*Graphium cloanthus* (Westwood)	
169	升天剑凤蝶	*Pazala euroa* (Leech)	
170	小黑斑凤蝶	*Chilasa epycides* (Hewitson)	
171	斜纹绿凤蝶	*Pathysa agetes* (Westwood)	
172	纨裤麝凤蝶	*Byasa latreillei* (Donovan)	易危 VU
173	彩裙麝凤蝶	*Byasa polla* de Nicéville	易危 VU
粉蝶科 Pieridae			
174	迁粉蝶	*Catopsilia pomona* (Fabricius)	
175	镉黄迁粉蝶	*Catopsilia scylla* (Linnaeus)	
176	檀方粉蝶	*Dercas verhuelli* (Van der Hoeven)	
177	尖角黄粉蝶	*Eurema laeta* (Boisduval)	
178	宽边黄粉蝶	*Eurema hecabe* (Linnaeus)	
179	檗黄粉蝶	*Eurema blanda* (Boisduval)	
180	橙粉蝶	*Ixias pyrene* (Linnaeus)	
181	报喜斑粉蝶	*Delias pasithoe* (Linnaeus)	
182	红腋斑粉蝶	*Delias acalis* (Godart)	
183	优越斑粉蝶	*Delias hyparete* (Linnaeus)	
184	艳妇斑粉蝶	*Delias belladonna* (Fabricius)	
185	奥古斑粉蝶	*Delias agostina* (Hewitson)	
186	白翅尖粉蝶	*Appias albina* (Boisduval)	
187	灵奇尖粉蝶	*Appias lyncida* (Cramer)	
188	红翅尖粉蝶	*Appias nero* (Fabricius)	
189	锯粉蝶	*Prioneris thestylis* (Doubleday)	近危 NT
190	菜粉蝶	*Pieris rapae* (Linnaeus)	
191	东方菜粉蝶	*Pieris canidia* (Sparrman)	
192	飞龙粉蝶	*Talbotia nagana* (Moore)	
193	鹤顶粉蝶	*Hebomoia glaucippe* (Linnaeus)	近危 NT
194	钩粉蝶	*Gonepteryx rhamni* (Linnaeus)	
195	青园粉蝶	*Cepora nadina* (Lucas)	
斑蝶科 Danaidae			
196	金斑蝶	*Danaus chrysippus* (Linnaeus)	
197	虎斑蝶	*Danaus genutia* (Cramer)	

续表

序　号	中　文　名	拉　丁　名	备　注
198	青斑蝶	*Tirumala limniace* (Cramer)	
199	骈纹青斑蝶	*Tirumala gautama* (Moore)	
200	啬青斑蝶	*Tirumala septentrionis* (Butler)	
201	大绢斑蝶	*Parantica sita* (Kollar)	
202	黑绢斑蝶	*Parantica melanea* (Cramer)	
203	异型紫斑蝶	*Euploea mulciber* (Cramer)	
204	幻紫斑蝶	*Euploea core* (Cramer)	
205	蓝点紫斑蝶	*Euploea midamus* (Linnaeus)	
206	绢斑蝶	*Parantica aglea* (Stoll)	
环蝶科 Amathusiidae			
207	凤眼方环蝶	*Discophora sondaica* Boisduval	
208	惊恐方环蝶	*Discophora timora* Westwood	
209	紫斑环蝶	*Thaumantis diores* (Doubleday)	
210	斜带环蝶	*Thauria lathyi* Fruhstorfer	近危 NT
211	纹环蝶	*Aemona amathusia* Hewitson	
212	串珠环蝶	*Faunis eumeus* (Drury)	
213	白袖箭环蝶	*Stichophthalma louisa* Wood-Mason	三有昆虫
214	箭环蝶	*Stichophthalma howqua* (Westwood)	三有昆虫
215	月纹矩环蝶	*Enispe lunatum* Leech	近危 NT
216	灰翅串珠环蝶	*Faunis aerope* (Leech)	
眼蝶科 Satyridae			
217	幕眼蝶	*Melanitis leda* (Linnaeus)	
218	黛眼蝶	*Lethe dura* (Marshall)	
219	长纹黛眼蝶	*Lethe europa* Fabricius	
220	波纹黛眼蝶	*Lethe rohria* Fabricius	
221	小云斑黛眼蝶	*Lethe jalaurida* de (Nicéville)	
222	曲纹黛眼蝶	*Lethe chandica* Moore	
223	白带黛眼蝶	*Lethe confusa* (Aurivillius)	
224	深山黛眼蝶	*Lethe insana* Kollar	
225	玉带黛眼蝶	*Lethe verma* Kollar	
226	迷纹黛眼蝶	*Lethe maitrya* de Nicéville	近危 NT
227	安徒生黛眼蝶	*Lethe andersoni* (Atkinson)	近危 NT
228	云南黛眼蝶	*Lethe y9unnana* D`Abrerea	近危 NT
229	阿芒荫眼蝶	*Neope armandii* (Oberthür)	
230	黄斑荫眼蝶	*Neope pulaha* (Moore)	
231	网纹荫眼蝶	*Neope christi* (Oberthür)	近危 NT

续表

序　号	中 文 名	拉 丁 名	备　注
232	丝链荫眼蝶	*Neope yama* (Moore)	
233	奥荫眼蝶	*Neope oberthueri* Leech	
234	带眼蝶	*Chonala episcopalis* (Oberthür)	
235	丛林链眼蝶	*Lopinga dumetorum* (Oberthür)	
236	小眉眼蝶	*Mycalesis mineus* (Linnaeus)	
237	稻眉眼蝶	*Mycalesis gotama* Moore	
238	僧袈眉眼蝶	*Mycalesis sangaica* Butler	
239	裴斯眉眼蝶	*Mycalesis perseus* (Fabricius)	
240	中介眉眼蝶	*Mycalesis intermedia* (Moore)	
241	平顶眉眼蝶	*Mycalesis panthaka* Fruhstorfer	
242	珞巴眉眼蝶	*Mycalesis lepcha* (Moore)	
243	大理石眉眼蝶	*Mycalesis mamerta* (Stoll)	
244	凤眼蝶	*Neorina patria* Leech	
245	龙女锯眼蝶	*Elymnias nesaea* (Linnaeus)	
246	闪紫锯眼蝶	*Elymnias malelas* (Hewitson)	近危 NT
247	翠袖锯眼蝶	*Elymnias hypermnestra* (Linnaeus)	
248	玳眼蝶	*Ragadia crisilda* Hewitson	
249	矍眼蝶	*Ypthima balda* (Fabricius)	
250	幽矍眼蝶	*Ypthima conjuncta* Leech	
251	魔女矍眼蝶	*Ypthima medusa* Leech	
252	连斑矍眼蝶	*Ypthima sakra* Moore	近危 NT
253	融斑矍眼蝶	*Ypthima nikaea* Moore	近危 NT
254	完璧矍眼蝶	*Ypthima perfecta* Leech	
255	小矍眼蝶	*Ypthima nareda* Koller	
256	君主眉眼蝶	*Mycalesis anaxias* Hewitson	近危 NT
257	帕德拉荫眼蝶	*Neope bhadra* (Moore)	近危 NT
258	珠连黛眼蝶	*Lethe monilifera* Oberthür	易危 UV
259	罗丹黛眼蝶	*Lethe laodamia* Leech	
260	尖尾黛眼蝶	*Lethe sinorix* (Hewitson)	
261	密纱眉眼蝶	*Mycalesis misenus* de Nicéville	

注：该附表数据由西南林业大学周雪松、刘家柱老师提供。